聽松文庫
tingsong LAB

为了人与书的相遇

家

土谷贞雄
Tsuchiya Sadao
[日] 著

好好想想如何住

广西师范大学出版社

· 桂林 ·

寄语　　隈研吾

　　现如今的住宅正在迎来巨大的变革。

　　"家人"的概念开始产生改变，"家"的含义也呈现出改变的姿态。土谷贞雄从"无印良品之家"开发项目的启动阶段便参与其中，尝试通过听取意见的方式来最先察觉时代的变化。他拥有敏锐的嗅觉，能够嗅出一般建筑师察觉不到的细微变化。

　　这一本书，汇集了土谷贞雄提出的关于未来住宅的独家"预言"。

缘起　　　　土谷贞雄　都式生活方式研究所所长

　　如何在一栋住宅里分配起居室、餐厅、卧室、浴室空间？如何决定墙壁的位置？如何在各个房间里摆放家具？对这些问题的判断，会对居住者的生活方式产生很大影响。这种影响不会因为住宅面积而改变，即使是一个小型开间，也会面临同样的问题。

　　要想确定居住者的生活方式，我们首先要了解居住者所追求的理想的生活方式。如果将住宅比喻成"电脑"的话，那么为了实现人们的理想，这台"电脑"就需要一个能够组装各个单元的设计程序。而融入居住者理想的程序正是我们所熟知的"户型"。但事实上，人们在建造住宅的时候，很难一边想象自己理想的生活方式，一边思考能够实现此理想的户型。在设计一个住宅的时候，我们首先需要考虑户型的各个组成单元——每个房间本身所具有的各种可能性。

　　2013 年前后，我曾受良品计划株式会社的委托，做过一次大范围的关于日本居住情况的调研，之后，接受中国深圳的相关公司的委托，开始调研中国的居住情况。由此，都市生活方式研究所积累了不少的数据资料。

　　针对住宅的各种问题，都市生活方式研究所以实地入户调研为基础，通过各种调研和实际走访，总结并构想出了一些未来住宅的存在形式。内容以住宅的空间布局为主，从多个角度出发，尝试将人们心目中理想的居住形式巧妙结合在一起，设计了多种户型方案。

　　都市生活方式研究所在编辑本书的过程中，除了重新整理至今为止的调研数据及走访记录之外，还加了一些新的内容，并和 TENHACHI 建筑师事务所佐藤圭先生一起，按照不同论点和项目，将厨房、客厅、卧室等房间和空间进行了重组设计。

　　希望阅读本书能够给大家一些关于住宅方面的启发，可以对大家有所助益。

目录

002　寄语　　**隈研吾**

003　缘起　　**土谷贞雄**　都市生活方式研究所所长

006　序章　　**土谷贞雄**　都市生活方式研究所所长

上篇

013　专栏 1　一起吃饭，才是一家人

015　专栏 2　夫妻的卧室

018　专栏 3　精简的生活

020　专栏 4　蓝染与发酵

022　专栏 5　"就近居住"的方式

024　专栏 6　拜访汤品达人 —— 一天不漏、坚持做汤 2 年的达人

026　专栏 7　像呼吸空气那样做家务 —— 家务教给我的东西
　　　　　　采访《舍弃的技术》作者、家务治疗专家辰已渚

030　专栏 8　小厨房 VS. 大厨房

下篇

038　**家务动线与洗衣动线**
　　　洗衣机的摆放位置 / 洗衣机的历史：从洗衣盆、搓衣板到高性能家用电器 / 看不见
　　　的家务动线 / 尝试将盥洗·更衣室与洗衣机位置分开 / 打造便捷洗衣间 / 直线型的家
　　　务动线与家务桌 / 一边享受天伦之乐，一边快乐地做家务

052　**浴室与卫生间**
　　　日本浴室的历史 / 欧美浴室的历史 / 公团住宅的浴室 / 自由的现代浴室 / 根据家庭
　　　成员的人数来改变浴室的形态 / 小型住宅，小型浴室 / 两间浴室

066　**卧室**
　　　从寝食分离、憧憬私人空间，到卧室多样化 / 卧室不需太大，能够满足睡觉需求足矣 /
　　　将办公桌和储物家具从卧室移到走廊 / 感受家庭气氛的卧室 / 夫妻分房睡的理由

080　**厨房**
　　　从灶台到一体式厨房 / 便利的小型食品储藏间 / 大型厨房是否真的有必要？ / 厨房
　　　也可以成为自由移动的"家具" / 将厨房设计在住宅的中心，打造以料理为中心的
　　　生活方式

094　客厅

多功能客厅／难以割舍的被炉情结／自由自在的"床座"生活／大家的客厅，一个人的客厅／室外客厅新主张

108　餐厅

"起居室"和"矮脚饭桌"：日本传统生活的象征／日本人眼中的"团圆"／回归日本传统的"一室空间"／一家团圆的中心地带／直接坐在地板上：传统餐厅设计

122　收纳

收纳的历史：从传统壁橱到固定式收纳工具／精简的生活方式／设定每件物品的"专属位置"／生活必需品与提高人们幸福度的物品／在走廊内加入收纳空间／有效利用空间"留白"

138　工作区

19 世纪西方的书房与明治、大正时代的日本书房／书房没了踪影，工作区登上了舞台／大家的工作区／连接工作区与餐厅空间／以工作区为中心的住宅格局／兴趣专用间风格的工作区

152　玄关·阳台

现代住宅中难得一见的土间／外廊从生活中消失，邻里关系日渐疏远／玄关的人际交往／把玄关当作工作空间

166　具有高低层次感的住宅

错层式厨房／高低层次的居住空间，在视觉上扩大空间效果／利用各空间高度差，打造舒适的床座生活／利用空间高度差，打造魅力空间

小栏目

178　住宅设计的新关键词："支撑体""填充体"和"家具"
179　公寓中的日式房间
180　住宅区添活力 探索新的生活方式
181　住宅区翻新之 SOHO
182　住宅区翻新之 Share House
183　住宅区改建之咖啡屋

185　后记　**土谷贞雄** 都市生活方式研究所所长

序章　　土谷贞雄　都市生活方式研究所所长

本书在 2013 年日本出版的《无印良品和大家一起畅想的住宅》的基础上，添加了背景说明等内容。距离首印已经过去 6 年，我自己的思路也有了系统的梳理，适逢简体中文版出版，我认为有必要对近几年的情况做一些补充。

本书后半部分的内容以"大家一起畅想的住宅形态"网站的内容编辑而成。2007 年年底设立的这个网站，是无印良品之家销售环节的一部分。这个网络平台主要推动三个项目：一是与生活研究相关的问卷调查和入户深访；二是以调查结果及生活研究之中出现的一些假说为主题写成的专栏；三是将假说落地，进行验证过程的记录。这三个项目是不断循环往复的。问卷平均每个月发放一次，吸引很多用户参与。而这个网站上线之后带来的预料之外的反响，促使我决定将生活方式研究作为毕生事业。

我本人于 2009 年独立创业之后，为无印良品及各大住宅营销及研发企业、品牌制造商、饮食文化研究部门提供类似服务：在企业内部设立网络研究所，共同撰写、发布专栏文章。同时，在良品计划集团内部，除了住宅业务之外，我也开始参与无印良品品牌的研究所——"生活良品研究所"的工作。"网络研究所"这种形式获得了许多企业的认可。截至目前，这些平台发布的专栏文章已经超过 500 篇。这项工作的关键在于，在推动研发工作的同时，还要坚持与用户 [消费者] 对话。具体内容，后文将有详细介绍。最初的 5 年 [2007 年~2012 年左右]，我把主要精力放在了户型的研究上面。无印良品之家的产品概念是不做隔断的"一室空间"。无印良品之家最初的销售不如预期，我也因此对室内隔断产生兴趣，开始思考房间的隔断究竟有哪些含义。

在那之后，我有机会接触到不同类型的企业，于是我的关注点也开始蔓延到生活方式的价值观、对于物品的看法、料理、工作方式等多个方面。与此同时，社群 [共同体] 的课题越来越显著，于是我也开始思考，在独居人口越来越多的社会，通过什么样的模式才能促进个体与群体之间的和谐共处。

不知不觉之中，开始有人称我为"生活研究家"。

日本社会背景的简单介绍

2010 年左右，日本已经走过了人口最多的时期，人口开始急剧减少。新出生人口的减少导致了人口总数的降低，与此同时，医疗技术和制度的进步使老年人长寿，独居人口也突然增多。这些社会现象告诉我们，以往的住宅供给时代很快将迎来终结，我们不再需要经济快速增长时期、人口暴增时期的房间数。在日本已经很少能看到"夫妻 +2 个孩子"的典型家庭结构了，不和已成人的孩子一起住的夫妻、独居的人之中，很多都会选择把房子改造成大开间的格局。即便如此，日本的住宅建造商、房地产开发商依然照着以往的"理想画像"继续研发、销售产品。从这一点上，可以说无印良品的住宅给少子化、独居、丁克家庭提供了多一种选择。

更为重要的一点在于，它也针对生活方式提出了一个疑问：家人之间需要隔墙的存在吗？这种户型如今被称为"一室空间"，成为年轻人之中越来越受欢迎的一种居住方式，对于面积本就不大的日本住宅来说，没有隔墙的生活方式反倒更有魅力。

房子小了，收纳空间也会受限，因此我们也多次展开针对物品的讨论。我们提倡用少量的、精巧的东西，过丰富、有意思的生活，同时也把"如何做到东西繁多也能让生活井井有条"整理成另一条主线。到了后来，除了我们团队之外，也有许多人开始分享断舍离、整理收纳的方法和心得。

HOUSE VISION 的活动

2010 年至 2018 年，我参与了 HOUSE VISION 项目。可以肯定地说，这个项目给我的生活研究带来了很多帮助。这个项目主要是联合各类企业和建筑师、研究人员来畅想未来生活，并把大家的想法搭建成等比大小的房屋，构成展览会。2010 年启动的项目，没过多久便来到了中国。2013 年第一届东京大展之后，我们也把项目带到了印度尼西亚等亚洲国家。在这个项目之中，我找到了新的生活方式研究对象，在那之前，我更多地关注当下的生活方式，而通过 HOUSE VISION，我发现还可以研究未来的生活，甚至通过回顾过往历史来"温故知新"。21 世纪的头十年可以说是让人充满希望的一个时期，互联网技术、人工智能、生物科学等的发展，给我们带来许多新的畅想，很多人都期待生活因此得到巨大改变。智能手机开始普及之后，我们进入了新的时期——及时连接社会。现在往回看，那十年可能就是人们从现代社会进入下一个时代的"转折期"。在转折期观察人们的生活，其实是一件意义重大的事，这项活动有可能为我们即将迎来的时代找到更多可能性，或者给未来生活带来更多灵感。2016 年的 HOUSE VISION 展览主题 "CO-DIVIDUAL"，一方面引导人们去思考：如何理解 "individul〔分〕" 即个体化的社会对于人们再次住到一起的现象所呈现的意义，同时也引出另一方面的思考：新时期的 "co〔合〕" 已经成为整个社会活动的主题。2018 年在北京举办第三届大展之后，HOUSE VISION 将通过不同的方法和形式来呈现对于未来的观察和思考。

关于产品研发

在与企业研究生活的同时，我也参与了其中的产品研发工作。开始研究生活方式之后我发现，生活调查——理解当下、策划展览——构想未来这两种手法搭配能够与用户交流的平台，三者结合，构成了某种产品研发方法论，即持续关注小众现象，而非普遍的、大众消费市场。这是因为，时代的变化通常都是源于这些小众的地方。我们从细微的变化、少数人的生活方式当中捕捉未来的研究方向或者能够运用到产品研发之中的灵感。有几家企业正在运用这一方法论开展实验，而我也进一步确信，这是生活方式研究的又一层意义。

Nácasa & Partners Inc. © HOUSE VISION

Nácasa & Partners Inc. © HOUSE VISION

土谷贞雄 ╳ MOJI熊猫

上
篇

上篇部分将介绍几篇具有代表性的专栏。

进入正文之前，我想先回顾一下研究范围的发展历程。

1. 关注户型：2007 年～

2. 关注食物和日常用品：2009 年～

3. 关注工作方式的变化：2010 年～

4. 关注"独居"生活方式：2011 年～

5. 关注社群［共同体］：2013 年～

6. 关注环境问题：2015 年～

7. 关注经济：2016 年～

8. 关注科技进步对生活的影响：2016 年～

9. 关注高龄者福祉、儿童教育等社会制度：2017 年～

如上所述，我关注的话题范围越来越广泛，

不过在此过程中，

我会尽量把大范围的课题细分成简单的小课题来分别研究。

接下来的内容将按时间顺序
介绍不同时期最具代表性的专栏文章。

1. 一起吃饭，才是一家人

cohousing 里的生活

你听说过美国的"cohousing [共同住宅]"吗？

这是一种供 10 ~ 30 个家庭住到一起、共同生活的住宅。

在"社区"里，有一个让大家聚到一起的 center house，居民们每天在这里一起吃饭；做饭采取轮流制，每个人每月要负责 1 ~ 2 次餐饮。30 个家庭每天都坐到一起吃饭，慢慢地就形成了一个大家庭。这些原本人生轨迹绝不会重叠的人，在这里构筑起比血缘还亲密的关系。

每天一起吃饭，确实能够加深彼此之间的了解。在共同住宅里，年龄、家庭形态各不相同的人，从自己能做的事情做起，互相帮助：老人帮忙带小孩、年轻人帮忙照顾老人，这其实就是大家庭里会出现的场景。这样的住宅形态起源于欧洲的"collective house [集体住宅]"——不同年龄段的人共同居住的住宅，日语译为"相互扶助住宅"，在美国，它被称为 cohousing，形式也有了进一步的发展。

在共同住宅，居民会参与其搭建工作，也会协商制定居民守则，例如不准车辆进入、种植会结果的树木、木工道具和休闲游乐用具大家共用等，让共同居住的优势凸显出来。同时，在共同住宅里面会有专人负责相关的协调工作，帮助居民们搭建自己的居所。这种模式跟日本的集体住宅很像，而两者最大的不同就在于是否"每天一起吃饭"。

从问卷调查结果看家人之间的关系

在第 2 次生活方式调查问卷之中，从"夫妻二人平时会做什么"的问题，可以看出有较多的用户选择以吃饭为主的交流方式：聊天 [76%]、做饭 [42%]、收拾卫生 [42%]。由此也可以推测，不仅是夫妻二人，家人之间的亲密关系也大多是在用餐时间得到加深：边吃饭边聊聊当天发生的事、把朋友或者住在别处的父母招呼过来一起吃饭。"吃饭"很有可能就是主要的交流场景了。

从第 3 次的问卷调查结果我们也能看到不同人家的日常。一家人聚在起居室在最近比较常见，不过日本人内心最喜欢的，似乎还是以前常见的场景：一家人围着电视前的矮桌团团坐，有说有笑地吃饭。《海螺小姐》家里吃饭时的场景，可以说是日本人都经历过的家庭交流画面。从美国引入的起居室文化，跟日本人内心想象的一家团圆的景象还是有点儿区别的。孩子放学回家后，趴在矮桌上学习或者帮妈妈做家务，这样的场景对我们来说，是再自然不过的了。

而所谓的"儿童房"，其历史也不过 30 年左右。房间的隔断，其实也带来了负面影响，家人之间的交流变得不那么容易了。

让我们重新来探讨家人之间的关系吧。"吃饭"这件事是加深交流的重要场景，因为"一起吃饭，才是一家人"。

2. 夫妻的卧室

　　2008 年 6 月的问卷调查结果统计出来之后，我们提出了 4 种户型方案，许多读者发来了意见和建议，对此我们表示感谢。

　　这次我们将介绍几个比较独特的方案，针对夫妻的卧室和大家展开讨论。仔细观察现代生活会发现，即便是夫妻，两人的生物钟也不一定完全一致，睡前有时间认真看看书、听听音乐，"想拥有自己的时间"是再自然不过的事情。

　　有没有想过，如果丈夫和妻子都拥有自己的房间会是什么样子？分房睡不是因为夫妻感情不好，正因为彼此独立，才会尊重彼此的独处空间和独处时间，可以说这是现代生活的形态之一。

1F

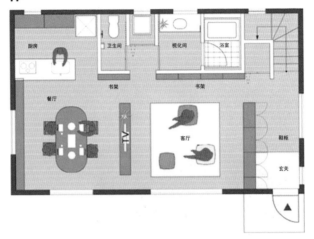

厨房
卫生间
梳化间
浴室
书架
书架
餐厅
TV
客厅
鞋柜
玄关

2F

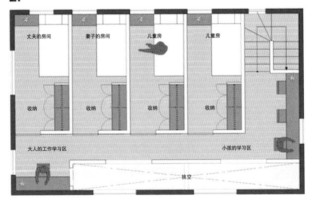

丈夫的房间
妻子的房间
儿童房
儿童房
收纳
收纳
收纳
收纳
大人的工作学习区
小孩的学习区
挑空

这是一套总面积 112m² 的两层小别墅。1 层是宽敞的餐厅、客厅,浴室、洗脸台也在 1 层;2 层有 4 个房间,分别是丈夫、妻子的房间和 2 个儿童房,一家四口睡在 2 层,每个人都有自己的小房间。户内还像"无印良品之家"那样,做了一个大概 8m² 的天井。

先来回顾一下历史吧。在现代社会,夫妻睡同一间房确实比较常见,但这种现象也是最近 50 年才有的。20 世纪 50 年代,日本住宅公团[亦称"都市再生机构",通过制订规划、支援民间企业进行城市更新。] 推出的户型,就有以"就寝分离""寝食分离"为主题的。在那之前,普通家庭都是全家人睡一个房间,所以会出现上述标语,提倡每个人都有自己的就寝空间。

除此之外,在餐厨空间出现之前,日本家庭中睡觉和吃饭都是在同一个地方进行的:吃完饭休息好之后,先把矮桌收起来,铺好被子再睡觉。

2LDK、3LDK 的称呼便是在这样的时代背景之下出现的,名称里的数字代表房间的数量,因为夫妻睡 1 个房间,所以确定房间数量的时候,只需要从家庭人口数量减去 1 即可。长此以往,"nLDK"的叫法便成了日本住宅户型的基本分类方法。

我们再回过头来看看前面介绍的户型。在有限的空间之内、夫妻二人的空间、儿童房都得到了最优化的设计,余下的空间则被设计成共用的学习空间。这个户型方案在使隐私空间得到保障的同时,还设计出能够让家人之间实现适度交流的场所。

像酒店客房一样的住宅户型方案,大家觉得它有没有可能成为现代生活的新形态呢?

3. 精简的生活

一不小心，生活中的东西就会越来越多。一出门，视线所及之处都是各种各样的东西：想看的书和杂志、想听的 CD……随手买的小东西多起来，让家里的空间显得拥挤不堪。在我们身边，其实有人特别擅长跟物品打交道，只用最低限度的东西就能打点好生活。

"思考住宅的形态"项目组，持续地对消费者展开深访，观察他们的居住空间。这次深访的对象，过着非常精简的生活。在这个房子里，男主人有 6 双鞋 [球鞋 3 双、皮鞋 2 双、网球鞋 1 双]，女主人有 4 双鞋 [球鞋 1 双、皮鞋 3 双]，小朋友有 2 双鞋，一家三口合起来只有 12 双鞋。想想看，你有多少双鞋呢？

这家人定好规则：鞋子穿坏了才买新的。整个房子里最具代表性的东西就是衣服。夫妻两人总共就 10 件上衣，整齐地挂在衣柜里。CD 有 2 张，他们不购买，而是选择租赁或者通过网站下载到 iPod 里；书籍则从图书馆借阅；碗筷、碟子等餐具只有刚刚好够用的那么几件，所以家里没有餐具柜，灶台、水盆和橱柜之间的 2 个抽屉就够放了。羽绒被不用的时候会被寄存；为了配合不断长高的小朋友，儿童床也是租赁的，以便及时换床。

除了东西少，这家人也喜欢整理收拾。洗发水、护发素等液体被放到可替换内容物的空瓶子里，水池、浴缸四周看上去很整洁；所有的收纳空间都有富余，东西都有自己固定的摆放位置。

东西用完立即放回原处的规则得到了很好的执行。因为家里东西本来就少，很难出现乱扔乱放的状况。洗手台下方的抽屉里整齐地摆着几袋替换装洗发水和清洁剂；调味品更是全被收进冰箱，视觉效果很是清爽。

购物的时候不会多买，吃剩的东西冷冻起来保存——不仅不囤东西，还能做到不浪费；整个厨房里，连锅都看不到。

参观完之后我们都非常惊讶和佩服：原来真的可以做到这种程度。精简的生活，首先要非常清楚自己真正需要哪些东西，然后才能实现完美管理物品的状态——无论何时，都能快速找到自己要用的东西。

当然，这种事情并不是任何一个人都能做到的。

在专栏《收纳的智慧》之中有一句话：所谓收纳，归根结底就是"懂不懂得扔东西"。这次深访之后我们发现，在"如何扔东西"之外，这家人身上还有一条非常坚定的信念："如何做到不买东西"。

我们身边充斥着非常多被统称为"收纳术"的信息，而整体看下来，比收纳技巧更为重要的是，如何培养自己看物品时的清晰思路。其中的一种做法，就是想这次深访的这家人一样，不买东西，把东西增多的源头阻挡在门外。

当今的时代不像以前，房子里有专门放东西的仓库，用以保存世代传承的贵重、高昂的传家宝。在现代社会，相对于拥有东西而言，如何减少物品反倒显得更重要，物品精简的生活，反倒能过得更有生趣。运用 IT 技术对必要的信息进行简化处理，这也是进入现代社会之后才能实现的事情。

精简的生活、不买东西的生活就介绍到这里，你觉得怎么样呢？这次深访，让我们对于生活用品的使用方法有了新的思考。

4. 蓝染与发酵

"Japan Blue"最近成了日本国家足球队队服的代名词，但其实在很久以前就有人使用过这个名字，用来代表天然蓝染而成的日本蓝。在明治时期，第一次到访日本的帕特里克·拉夫卡迪奥·赫恩 [Patrick Lafcadio Hearn] 便是被这种独特发酵技术的靛青色深深吸引。

蓝身上的微生物

"青出于蓝而胜于蓝"的蓝，是蓝色染料植物的总称。主要包含蓼蓝、木蓝、马蓝、菘蓝这四种，这些草木含有蓝色素的"基本成分"。也就是说，蓝草身上并没有蓝色，而是具有某种成分，可以通过与空气、光线接触形成蓝色。这种蓝色成分被提取出来制成染料，而靛蓝 [indigo] 不同于其他植物染料色素，它不溶于水，因此无法直接染色。有趣之处就在于，靛蓝经过发酵处理之后就能够溶于水。蓝的叶子里寄生着能让蓝变成染料的有益菌 [蓝还原菌]，当还原菌喜欢的碱性环境形成之后，还原菌就会被激活，所产生的酵素能将不溶水的靛蓝转换成水溶性靛蓝，制成染料。

费时费力的蓝染工艺

由江户时代 [1603 年 ~ 1868 年] 传承至今的传统蓝染工艺，又被称为"灰汁发酵法"。具体做法为：将蓼蓝叶发酵 100 天，形成染料的基本成分，再放入蓝染缸，与灰汁 [植物灰浸泡过滤后所得之汁]、麦麸、石灰、酒等材料共同发酵，再用发酵而成的液体重复染色。日本四季分明，为了实现一年四季都能制作蓝染，人们想出了这一套日本独特工艺。这种染色工艺不仅相当费时费力，还需要具备熟练的技巧，以便随时根据蓝的状态进行调整。

蓝的实用性

为什么先人们会如此看重蓝染工艺？其实，用植物染色，是有一定的理由的。以解热剂、止痛药为代表的药剂被称为"顿服药"，这里的"服"字很有一番韵味。人们认为染料植物有护身的效果，于是有说法认为"顿服"表示"用染过色的衣服来护身"的意思。据说蓼蓝是从中国传来的中药材，它具有清热、解毒、净化血液的作用，不仅有防虫效果，还能驱散毒蛇。农用服、牛仔裤采用蓝染工艺，也是有这方面的考虑。

另外，多次染色而成的蓝染布很强韧、不易燃，并且保温性能很好，因此很早以前就被用于制作道中着［和服的外套］、消防员的外套等服装。平时经常看到蓝染的蚊帐、襁褓、手绢等日用品，也是因为人们对蓝的实力有着充分的了解吧。

发酵之美

除了药效之外，天然的蓝染最大的特色就是它的美感。"蓝"所指的并不是某种特定的颜色，根据染色方法即染色时的不同状况，能够呈现出各种各样的"蓝色"，以至于有"蓝四十八色"这么一个词来形容它。日本人用"蓝白""瓮窥""浅葱""缥""蓝锖""绀""自绀"等等词汇来给不同的蓝色命名，细细品味蓝色与蓝色之间的绝妙色差。用灰汁发酵工艺制作的蓝染，不单用靛蓝色素来染色，蓝草发酵过程中产生的元素以及草木灰中包含的各种元素，都会带来不同的色彩呈现。这种绝妙的变化给蓝色带来了层次，也给人带来了美的享受。这种美感，跟通过不同微生物的混合酿出美味口感的发酵食品也许是一样的。遗憾的是，这种传统蓝染工艺正在快速地消逝，种植染料植物蓼蓝的农家已经所剩无几。而比起从种植蓝草→发酵叶片→放入陶罐发酵提取蓝液→再花数日完成染色的传统染色工艺，新型的合成蓝色染料或者化学药品能够更快地完成染色工作。

据说以菘蓝为原材料的欧洲传统蓝染工艺已经于 21 世纪初失传了。日本传统的 Japan Blue，是否能延续下去呢？这很可能取决于，我们的消费者是否能够了解这些费工费时的东西所具备的美感和价值。

5. "就近居住"的方式

一直以来，我们都认为跟父母分开生活很难，因此有了"一碗汤的距离刚刚好"的说法。面临高龄化、少子化、年轻人不结婚等社会现象，日本人对于"家庭"的理解正在发生巨大转变，在这样的背景之下，可以想见有很多人正在考虑和父母就近居住。

本期专栏，我们想探讨如下居住方式：父母和孩子在同一栋楼购房。住在同一栋楼里，保持刚刚好的距离，这种居住方式你有考虑过吗？使用得当的话，还可以把部分空间拿出来共用。

我们假设的人物画像如下：45岁的夫妻和75岁的母亲〔外婆〕、正在上大学的儿子。外婆腿脚不太方便。

到了饭点，外婆会来到孩子们的家里一起吃饭，因此外婆家的厨房选用紧凑型款式，客厅设计成方便好友聚会话家常的宽敞空间。因为外婆喜欢书法，于是给她设计一处书房，可以慢慢享受休闲时光。

　　在孩子们的家里，则有一个大人小孩共用的工桌台，白天主要是妈妈使用，晚上则主要给爸爸和小孩使用。家里占满一整面墙的书架是全家人的"共享图书馆"。

　　孩子们的房子在最上层，景观很好，有烟花的时候，一家人会聚到一起欣赏烟花。外婆的房子买在了1层，带了个独立庭院，可以种种菜、种种花草。试想一下，这种"就近居住"的方式，可能会给商品房中的生活带来一些改变。

6. 拜访汤品达人 —— 一天不漏、坚持做汤 2 年的达人

　　这次专栏要介绍的是 2 年以来每天坚持做汤的有贺薰女士——一位既是作家又是画家的才女。每一道美味、好看的汤品背后，应该充满着有贺女士的创造力和好奇心吧。2 年以来每天都不间断的毅力，着实令人佩服。"开始做汤之后，就很难有时间出去旅行了。"这句话给我们留下了深刻的印象。尽管有贺女士自己也说开始了就停不下来，不过在我们看来，这种持续性似乎帮助她想到了更多的点子，让做汤变成了每天的乐趣。做汤这件事甚至已经超出了"喜欢做饭"这一个单纯兴趣爱好的范畴，成了有贺女士创作的作品。在墙上挂着的每日汤品日历，就是一件艺术品。2013年 4 月，有贺薰举办了汤品摄影展。

流程安排最为关键

　　被问到"每天都很累吧"的时候，有贺女士回答道："很简单的，只需要花一点点的时间。"实际看完她的整个流程，发现她的所有动作都非常干净利落，做出来的汤也非常特别，味道鲜美。

　　有贺女士的厨房非常简单，有一个小小的灶台，仅有的几样东西摆得很整齐，想用的东西可以很快找到——对于喜欢的东西，她应该会很爱惜吧。开火之前，她会把所有材料都准备好。我们在她的厨房里发现了一把挂着的尺子，一问才知道它被用来统一食材的长度。对于有贺女士来说，蔬菜的长度、大小都一样的话，也就不需要随时调节火候了。上菜之前用于点缀装饰的食材，切丁时也会用到这把尺子。统一食材的尺寸，是有贺女士让汤呈现美感的秘诀之一。

做汤的基本动作

有贺女士把汤分成 3 个种类。第一种是用了法餐中名为"suer"的料理方法，用蔬菜本身所含的水分来蒸炒、提味。比起单纯地煮开，这种方式更能逼出食材本身的鲜味。洋葱、蘑菇、番茄等气味较强的蔬菜，用这种方式调理之后还能直接用作高汤。

第二种方法是运用高汤：用鸡骨、肉或者鱼熬成汤，再加入其他材料炖煮，据说味噌汤也属于这一分类。第三种方法是法式浓汤法：将蔬菜炖烂，压碎，再通过过滤等方式呈现爽滑的口感。使用法式浓汤法时，搅拌机是不错的工具。基本的分类就是这三种，除此之外就是举一反三的结果了。

家人之间的沟通媒介——汤

问起为什么会每日做汤，有贺女士告诉我们，孩子不爱早起，所以她就想：如果有好吃的东西，孩子会不会被香气吸引，起床来吃呢？没想到这个方法大获成功，据说开始喝汤之后，孩子的生活规律也变得更好了。到了后来，自己的孩子开始对汤的材料感兴趣，喝汤的时候会主动提起当天的食材。这么看来，这碗汤有可能就是与家人展开沟通的一把钥匙。

在本次采访过程中，印象最深的一点就是每天坚持：只要坚持，就能迎来质变，实现技巧的提升，作出更多种类的汤。所谓达人，就是能够对基本技巧举一反三的人。这就好像习武之人的基本功，需要日常实践的积累，才能磨炼技巧。

读完本期专栏，你是不是也想给家人做碗汤呢？以上就是我们带来的，暖胃又暖心的汤品达人的介绍。

7. 像呼吸空气那样做家务 —— 家务教给我的东西

采访《舍弃的技术》作者、家务治疗专家辰巳渚

在"厨房会议"栏目中,我们将介绍一些帮你找到专属厨房的参考案例,也希望能够跟大家展开认真的、突破既定框架的探讨。

我们的专栏偶尔会抛出具体的话题,偶尔会介绍建筑师或专家们的意见,有时也会通过问卷调查,探索大家的生活方式、听取大家的想法。

让我们从不同角度观察厨房,一起找到"厨房的解答"。

大约 20 年前出版《舍弃的技术》〔「捨てる!」技術〕并卖出 100 万册的畅销书作者辰巳渚,对于"扔东西"这件事一直很看重,因为她始终认为,扔东西的过程,能够帮你找到真正对自己有意义的东西。这本书详细介绍了 20 条与扔东西有关的智慧,仔细读完,会发现它们跟那些教你如何扔东西的书有些不同——它们是在教你:通过对自身与物品之间关系的深度观察,发现与这些物品相关的事物,重新理解自己与家人之间的关系。对于关联性的观察,会引发我们思考什么是富裕、什么是幸福。许多不懂得如何扔东西、如何收拾的人,都会来找辰巳女士咨询、商量对策。

然而,并不是把东西扔掉就能获取幸福,"必须要扔掉"的想法也有可能反过来构成精神上的压力。

辰巳女士把自己称作"家务治疗专家",去观察咨询对象的真实状况,帮助他们通过做家务来解决自身的烦恼。例如,让不擅长收拾整理的人认识到,由于"自己与物品""物品和家人"之间的关系没理顺,才导致做不好收拾整理这件事。

珍惜当下，勇敢地做出决定并付诸行动

　　《舍弃的技术》一书中，"当下""我""决断"三个词是贯彻全文的关键词。例如，来咨询的客人经常会提起"说不定哪天会用到""以前有用过""母亲很爱惜""再想想吧"之类的想法，而现实生活中，"哪天"不一定会出现，已经过去的时光也不会再回来，母亲很爱惜的东西并不属于"我"。但辰巳女士并不是在呼吁大家把所有没用的东西都扔掉。会有某些物品承载了自己与母亲的珍贵回忆，让我们看着、带着就能感到安心。对于这样的东西，就需要由"我"来决定"留下来"并好好保管。这一点非常关键：集中精力面对当下，有问题不躲开，每天都能勇敢地做出决定。

"其实我要的是这样子的结果"

　　找辰巳女士咨询的许多客户，会拿出一些照片，告诉她"我其实希望这个地方什么都没有""这一天本来想多做一道菜，但是……"。很多咨询对象会用到"其实"这个词。在辰巳女士看来，"其实"这个词背后，隐藏着解决问题的切入点。"其实想做到这样""一定要实现这样的目标"，但是理想与现实的差距带来了心理上的压力，让人们感到更为焦虑。这是因为，人们在不了解家务的情况下，对于"理想的家务"产生了错误的认识。所以辰巳会建议这些人先接受目前的状态，然后去分析会什么会发生，进一步剖析现象背后的深层原因即作为家庭成员的想法。这其中，有些现象是由于对家人的爱才出现的。人们要做的不应是"其实"所带出来的内容，而应该去好好理解每个家庭成员的想法——这也是辰巳女士非常重视的一点——当你对家人产生了关爱之情，就能够接受当前的状态，家务也就变得不那么难了：当丈夫脱下袜子随便扔，不要觉得生气，把它们捡起来就好。这么一来，当家务的难度下降之后，真的有挺人情况出现了好转。可以说，辰巳女士对于咨询者的指导，集中在生活观、生活方式的解析上面。引导他们通过家务观察家人之间的关系，找出自己对于某些事情无法妥协的原因。当心态发生改变，同一件事情的看法也会不同，家务也就自然不再成为负担。

像呼吸空气那样做家务

"做家务，应该把它看成像呼吸空气一样的事情，坦然面对。"辰巳女士说道，"生活就是处于不断变化、转移的状态之中，在这样的状态下，把处理家务当成不变的日常，坦然以对，能够帮我们维持心理上、精神上的平衡。"家务具有某种魔力，能够激发人身上潜藏着的"人间力〔人格力量〕"。

在以前，家务是任何人都会做的事情。想吃东西，就得自己做；想要舒适的居住环境，就要勤打扫。家务是生活的基本组成部分，应该把它当成呼吸一样来对待：就像身体功能协调代表健康，当空间的状态和人的心态达到一致的时候，就是最理想的样子了。做到这一程度的秘诀在于，不要总想着做到完美，做到自己能接受的程度即可，有技巧地跟家务相处，也是很重要的。"不勉强""不做超出自己能力范围的事""配合自己身体的状态""适当降低难度"，这是辰巳女士提出的四大要点。

采访过程中，我们参观了辰巳女士的厨房。

辰巳女士说，她用过的厨房都是一字型的。2015 年住过位于茅崎的房子是一字型的厨房，现在的浅草的房子也定做了一字型的灶台，靠墙摆放，正对着灶台的是餐桌及客厅。

为什么选择一字型呢？这是因为对于辰巳女士来说，厨房杂事是一个人的工作。不过她也告诉我们，她曾在昭和 40 年代建成的房子里住了 1 年，那里的一字型厨房就像地下室一样，让她觉得很不舒服。同样是一个人做事的空间，缺少了开放感，她也就不喜欢用了。

切菜的时候，全神贯注地投入到眼前的菜刀、蔬菜、砧板身上；炒菜的时候，心思全放进眼前的锅，屏气凝神地聆听蔬菜翻炒的声音、寻找食材变色的最佳时机。这时如果有人在旁边说话、走动，或者对着电视，就会导致吸收多余的信息，无法专心了。

"一个人处理"，并不意味着要彻底投入工作，阻断其他事物。那是一种借助五感接收工作过程中出现的所有信息而不考虑其他杂事的状态。成功做出一道美食时，会感觉所有细节都在自己的掌控之下得到了完美结合。

把做好的美食装好盘，一转身又能全身心地与坐在餐厅的家人、朋友聊天话家常。

家务是"活着"的象征

"做好家务，需要心态、技巧、身体完美配合。"辰巳女士告诉我们。日常的家务事，并不需要那些便利的特技或者高难度技巧，只要能够做好心态和身体状态的调节、正视"当下"的时间，就一定能让家务变得轻松、容易。这话听着跟武道的内容有点像，但辰巳女士说，"现在流行的正念减压法 [Mindfulness] 说的也是一样的东西。"只要改变对家务的看法，不再认为它是"不断重复的麻烦事"，它就会变成一件充满创意的事，带我们体验"活着"的喜悦。

所谓便利

采访辰巳女士的过程中，笔者还想到了"便利"这个词。放弃快速、轻松等"合理性"层面元素，把家务当成让生活变得充足的手段，特意选择不那么方便的做法，其实也是一种选择。比如试着在有时间的时候[或者"周末"时] 多花点儿时间做饭；不断尝试，直到做出好吃的料理；不用吸尘器，试着用抹布擦地板。在尝试的过程中，我们有可能会发现做家务的新体验，这也说明，人内心对于便利性的渴望和身体的反应，两者之间可能不是一直同步的。正在为没法做好卫生而苦恼的读者，不如试试换个角度来看家务，说不定你能有新的发现。

也许有很多人认为"舍弃的技术"是为了成为达人而做的一种修行，但我们也应该看到有些人因为心有余而力不足，进而陷入自责。在辰巳女士看来，家务是需要放慢速度、不勉强自己、以自然状态去完成低难度工作的一个过程。只要能坚持下去，就已经是很大的成就。随着采访深入，作为听者的我们也感到轻松了许多。

8. 小厨房 VS. 大厨房

汤品作家有贺薰家里的厨房灶台 "mingle" 在社交平台引发讨论，有声音认为这样的产品很符合当今时代。
图片出处：ESSE online

    在 2019 年 4 月 5 日推送的专栏中，我们曾介绍过最近开放式厨房盛行的背景。如今，厨房已经不仅仅是做饭的空间，它也是展现理想生活场景的一件"装置"。现代社会，智能手机的出现让我们保持随时在线，"被观察"和"主动呈现"的行为互相重叠交叉，充斥着人们的日常生活。在这样的时代背景之下,厨房成了表现自我的绝佳舞台装置。朋友圈里的"我"会在厨房和朋友办派对、和孩子一起做饭、打点麻烦的料理……发出去的这些照片,也许呈现出了我们内心想要达到的理想状态。

这一次,不妨找个时间好好想想,在自己的生活之中,厨房是什么样的一个空间?

这一次,我们想聊一聊小厨房和料理。

聊起厨房,自然少不了料理的话题。笔者最近读了汤品作家有贺薫写的文章,介绍了她家里的一张名为"mingle"的小小灶台。不可否认,几乎所有人都憧憬过在大厨房里大展厨艺的景象,而现实却是,日常生活中的料理,还是以简单为主。有贺女士研究的食谱,主打用最少的食材和调味料制作突出食材美味的汤品,制作过程也非常简单。食谱中会写明加热的时间、盐的用量、水的用量等等细节。看到盐的用量,我们可能都会感到惊讶:这么一点点盐真的够吗?而这少少的盐,其实是一个重要的讯号,它在提醒我们反思"究竟什么才叫美味"—— 不给味道做加法,而是做减法。其实同样的思路也能用到厨房灶台的设计之中。有贺女士在博客中写过,假设我们有想法做一个小橱柜,那么需要考虑的问题就有很多:小到什么程度? 做小了还能炒菜吗? 用小厨房能做出什么菜? 人会习惯于用补充不足 [加法] 的形式来解决问题,于是橱柜越做越大。如果我们能够换个角度想想如何充分运用现有的东西过上丰富多彩的生活,其实是能够发现不少巧思和新想法的。

所谓生活方式，并没有统一的模式。单是吃饭这件事，有的人会边看电视边吃，有的人会听着音乐吃，有的人会和家人一起吃饭，有的人就着酒吃饭。单独把喝酒这一群人划分出来，这其中也会有喝葡萄酒的人、喝清酒的人、喝烧酒的人。在人生的不同时期，夫妻二人独居时，孩子出生、长大、独立成家，回归二人世界甚至独居之时，吃饭的场景也都各不相同。这世界上有多少人，就有多少种生活方式。这么想的话，确实很难做出能够匹配一切生活场景的橱柜，总会感觉少了点儿东西。从另一方面来说，当你选择了小厨房，就要以"不足"为前提来看待所有事情。有了这层想法之后，你才有可能捕捉到让日常生活变得有求的灵感。当你发现有某些东西的确不能少，那么就在需要用的时候补充进去。积极主动地琢磨自己的生活，就能慢慢摸索出这一套基本思路。

　　用家里现成的材料，做出简单的、美味的食物。这样的生活方式反倒很有意思。不执着于寻找美味的东西，而是想办法让既有的食材变得更好吃。这就是生活带给我们的智慧灵感吧。

"mingle"是一张既能做饭也能当成餐桌的95cm见方的桌子。配备有电磁炉、上下水管道、洗碗机，还能收纳基本的厨具和筷子、汤匙等餐具。

图片出处：
有贺薰女士的 note——
《家里装上了新时代的做饭装置"mingle"》

有贺女士的"烤卷心菜汤"，用到的材料有卷心菜、培根、盐、橄榄油和水，制作过程非常简单。

图片出处：
Soup Lesson 官网

土谷贞雄 ✕ MOJI熊猫

下

篇

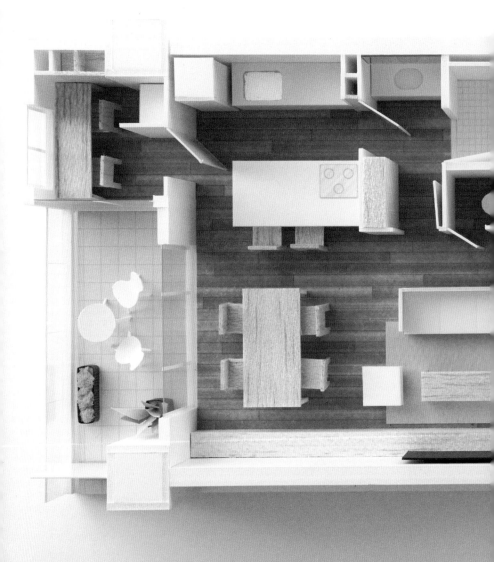

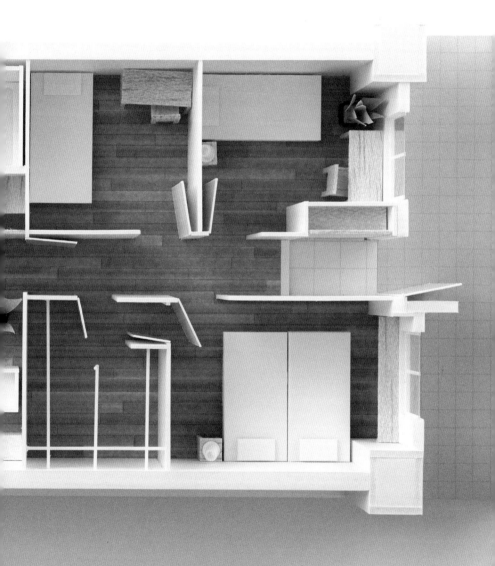

家务动线与洗衣动线

人们每天都会在家务上花费大量的时间,
而好的家务动线不仅益于高效处理家务、
保持住宅整洁度,而且能够提高人们的生活品质。
在本章中,我们将与大家分享提高生活品质的家务动线,
其中还包括通过简单改善便可以提高家务效率的洗衣动线。

人们每天在家务上平均要花费 3 小时 24 分钟，
占用了每天生活的相当一部分时间。

Q1. 您每周花费在家务上的时间及各项家务所占时间比例分别为多少呢？

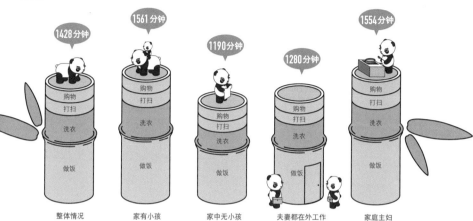

1428 分钟	1561 分钟	1190 分钟	1280 分钟	1554 分钟
购物 打扫 洗衣 做饭	购物 打扫 洗衣 做饭	购物 打扫 洗衣 做饭	购物 打扫 洗衣 做饭	购物 打扫 洗衣 做饭
整体情况 平均每天 3 小时 24 分钟	家有小孩 平均每天 3 小时 43 分钟	家中无小孩 平均每天 2 小时 51 分钟	夫妻都在外工作 平均每天 3 小时 4 分钟	家庭主妇 平均每天 3 小时 42 分钟

Q2. 对您来说，做家务会成为一种负担吗？
请根据家务的不同种类作答。

■ 完全不会成为负担　■ 不会成为负担　■ 还可以　■ 会成为负担　■ 会成为很重的负担　■ 未回答

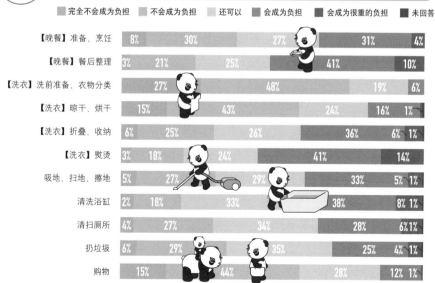

	完全不会成为负担	不会成为负担	还可以	会成为负担	会成为很重的负担	未回答
【晚餐】准备、烹饪	8%	30%	27%	31%		4%
【晚餐】餐后整理	3%	21%	25%	41%		10%
【洗衣】洗前准备、衣物分类	27%		48%	19%		6%
【洗衣】晾干、烘干	15%	43%	24%	16%		1%
【洗衣】折叠、收纳	6%	25%	26%	36%	6%	1%
【洗衣】熨烫	3%	18%	24%	41%		14%
吸地、扫地、擦地	5%	27%	29%	33%	5%	1%
清洗浴缸	2%	18%	33%	38%	8%	1%
清扫厕所	4%	27%	34%	28%	6%	1%
扔垃圾	6%	29%	35%	25%	4%	1%
购物	15%	44%	28%	12%		1%

Q3. 您家中有下列哪些电器用品?
您会利用洗澡剩下的水来洗衣服吗?

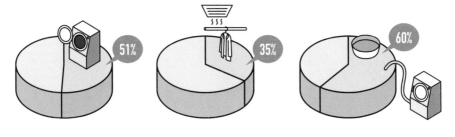

51%

35%

60%

家中有洗衣烘干机　　　　　家中有浴室干燥机　　　　　家中利用洗澡剩下的水来洗衣服

Q4. 您在家中哪个房间洗衣服 [包括洗前准备、晾干/烘干、折叠/收纳、熨烫等程序] ?

盥洗・更衣室　厨房　家务间　客厅　卧室　阳台、庭院等室外空间　其他　平时不洗衣服

分拣衣物等洗衣准备　　　盥洗・更衣室 **90%**

晾干/烘干　　　　　　　阳台、庭院等室外空间 **73%**

折叠、收纳　　　　　　　客厅 **63%**　　　卧室 **18%**

熨烫　　　　　　　　　　客厅 **67%**　　　卧室 **11%**

0%　　　　　　　　　　　　　　　　　　　　　　　　　　　　100%

调查结果显示,

人们分别在不同地方进行洗涤、晾干、折叠、熨烫衣物。

为了使家务事也可以更加高效地完成,

我们需要思考如何将每一道程序有机地连成一条线。

Q5. 您是否认为将洗衣机摆放在厨房更好?

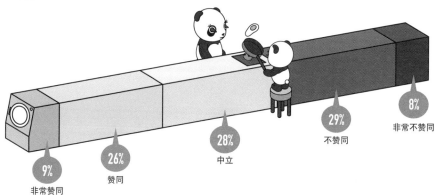

9%
非常赞同

26%
赞同

28%
中立

29%
不赞同

8%
非常不赞同

大多数人认为"将洗衣机放在盥洗·更衣室"里更好,
这样就可以利用洗澡剩下的水来洗衣服了。
但事实上,将洗衣机摆放在厨房附近也能得到
意想不到的效果。

Q6. 您是否认为将洗衣机摆放在盥洗·更衣室〔或者附近〕更好?

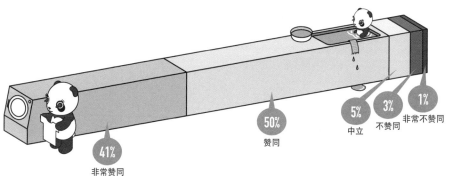

41%
非常赞同

50%
赞同

5%
中立

3%
不赞同

1%
非常不赞同

洗衣机的摆放位置

在日本，人们普遍将洗衣机放在浴室旁边，或者是放在盥洗·更衣室里。与此相对，欧美人则更倾向于将洗衣机放在距离厨房比较近的位置。

关于洗衣机的摆放位置，我们做了问卷调查，结果显示有些人认为"把洗衣机放在浴室附近就可以使用洗澡剩下的水来洗衣服"，但也有35%的人认为"把洗衣机放在厨房附近的位置更方便"。上述这两种放置地点各有各的好处，但如果将洗衣机摆放在厨房旁边的话，人们就可以利用在厨房做家务的空隙来洗衣服，进而提高做家务的效率。洗衣步骤较多，有洗涤、晾干、取衣服、熨烫、折叠等一系列的程序，由于这些程序不是连贯的，人们可以在各个环节的空档再做一些别的家务。另外，在决定洗衣机位置的时候，我们还要考虑如何收纳每一道程序所需的工具。

重新审视我们的洗衣动线有利于大幅度提高做家务的效率。不仅如此，我们还可以按照洗衣动线来整理每个步骤必要的工具、物品，进一步打造整齐有序的住宅空间。

洗衣机的历史：从洗衣盆、搓衣板到高性能家用电器

战后不久，大概是昭和三十年代〔昭和时期为1926年12月25日~1989年1月7日〕后期，洗衣机开始在日本社会普及，进入了千家万户。在此之前，人们通常在庭院或是浴室用洗衣盆和搓衣板洗衣服。也许因为有这样一段历史存在，洗衣机刚刚进入普通百姓家时，人们通常将其摆放在离庭院比较近的阳台或者是浴室。从给水、排水的角度来看，把洗衣机放在庭院或者浴室是再合适不过的了。

到了昭和五十年代后期，人们在盥洗·更衣室内专门设计了洗衣机的底座，从此洗衣机便在住宅中有了固定的位置。后来，新型的洗衣机具备了节水性能，可以使用浴缸中的洗澡水来洗涤衣物，因此，在盥洗·更衣室摆放洗衣机便成为一个生活"常识"。

把洗衣机放在盥洗·更衣室这个没人反对的固定位置是其历史背景的。

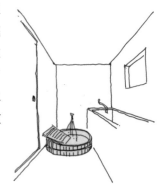

看不见的
家务动线

家务的基本内容为做饭、洗衣和打扫房间。在昭和五十年代之前，大多数家庭的家务事都是由保姆一手包揽。既然是家务事，那么在设计住宅的时候，设计者就必须考虑到如何才能让茶室及客厅的人看不到保姆做家务的样子。也正因为如此，即使家务动线上的物品摆放非常杂乱，也很少有人想要改善它。

随着时代的变迁，家庭主妇开始做起了家务。此后，女性逐渐进入社会，到职场工作，为家务减负便成了社会上亟待解决的一大课题。同时，这种变化也打破了以男主人为权力制高点的家族阶层观念，人们开始追求平等的家庭关系。

时代在不断进步，人们不仅在探寻如何减轻家务劳动、提高做家务的效率，大多数人还更加倾向于"快乐地做家务""在有家人的地方做家务"。

经历了以上的变迁之后，从明治后期 [明治时期为 1868 年 1 月 1 日～ 1912 年 7 月 30 日] 到大正时期 [1912 年 7 月 31 日～ 1926 年 12 月 25 日] 的 50 年里，一直被隐藏于人们视线之外的家务动线终于走上了生活的舞台。

尝试将
盥洗·更衣室
与洗衣机位置分开

通过住宅调查走访了许多参与者的住宅之后，我们发现，摆放洗衣机的盥洗·更衣室往往是住宅中最易杂乱的地方。

在盥洗·更衣室里，人们通常在洗衣机周围摆放洗衣粉、洗衣网、衣架及各类小物品，而盥洗台周围则摆放着洗漱用品、化妆品、洗发水、香皂及其他的家务用具。

除此之外，人们还经常在盥洗·更衣室内进行衣物的预洗、把衣物搭在衣架上之后抻平细小折皱等家务，如果赶上下雨天，人们还将衣物晾在盥洗·更衣室里。如此一来，盥洗·更衣室就变成了一个摆放物品及进行一系列洗衣工作的地方。也就是说，盥洗·更衣室已经成为一个面积狭小却必须具备各种功能的空间。而要想解决这个问题，比较有效的一个方法就是新设计一个"洗衣间"，把洗衣机从盥洗·更衣室里挪出来，在新的洗衣间里完成洗衣的各个程序。

打造便捷洗衣间

继续思考前一页提到的洗衣间问题。从空间位置上来说，将洗衣间设计在距离浴室、厨房比较近，可以从走廊直接进出的位置最为方便。如此一来，即使是在忙碌的早上，人们也可以抓住时间的空当洗衣服。从空间分配来说，洗衣间内应有摆放洗衣工具的空间，还要摆放烘干机、晾晒衣架等物品。另外，遇到下雨天，能够晾衣服的空间也是必不可少的。如果洗衣间里还有地方供人们熨烫衣物的话，会给人们提供更多的便利。

有了独立的洗衣间之后，盥洗·更衣室也会变得井然有序。像毛巾、浴巾等纺织品，只要放在随手可拿的地方，收纳整理好就可以了。

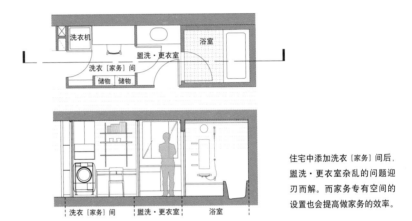

住宅中添加洗衣［家务］间后，盥洗·更衣室杂乱的问题迎刃而解。而家务专有空间的设置也会提高做家务的效率。

直线型的家务动线与家务桌

人们在做家务的时候，通常不会将注意力完全集中于一项家务上，而是利用各种家务的空档穿插安排，这样效率也比较高。因此，如果把做家务的动线设计成"浴室→洗衣间→厨房→晾晒衣物的阳台"一条直线，就可以省去重复性移动，令家务变得更加容易。

另外，洗衣的众多步骤里，熨烫、折叠是必不可少的环节，因此，我们需要设计一个熨烫、折叠衣物的场所。如果在家务动线中设计一个可以进行简单家务的"家务台"，就可以解决很多问题。除此之外，设计家务动线时必须考虑的一个重要问题就是，尽可能将家务动线控制在一定空间范围内，避免做家务的人穿越客厅或是餐厅空间。

上文曾经提到，将熨烫、折叠衣物及其他家务设计到家务动线中是非常重要的一环。而通过调查我们发现，很多人希望能够边做家务边与家人聊天，或者边做家务边看电视，不喜欢将自己限制在家务间这样一个封闭的小屋子里。

为了解决上述问题，我们提出了让家务台面朝客厅的设计方案。家务台一侧可设计一扇推拉门，做家务的人可以根据不同的情况开关门。

整洁的居住环境使人心情愉悦。有序摆放家中各类物品也会使人身心更加平静。

但是，要知道，人们无法保证每天把家务做完美。比如说，人们常常将洗好的衣物放在沙发上，或晾干后却忘记收纳，等等。

如图所示，家务台的面前视野开阔，也可以按需要安装推拉门。如此一来，人们就可以根据不同的情况开关门，从而达到隐藏家务台的效果。

餐厅

走廊

家务台

厨房

家务间

浴室

电冰箱

洗衣机　储物

盥洗·更衣室

"家务动线与洗衣动线" 方案1

此方案将洗衣路线固定在浴室、厨房、阳台的直线空间上

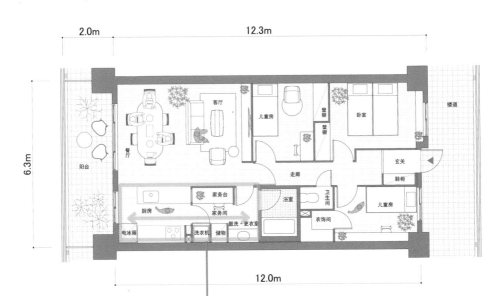

2.0m　　　　　　　12.3m

6.3m

12.0m

此方案将盥洗·更衣室到阳台的空间连成一条直线，并且在盥洗·更衣室的旁边摆放洗衣机和储物工具，将这一空间作为做家务的专用区。为了让人们在做家务的时候能与家人交流，我们在厨房旁边设置了专门做家务的桌台，家务台的门可以向客厅方向打开。

浴室位于住宅中心位置，把走廊沿途空间作为家务动线

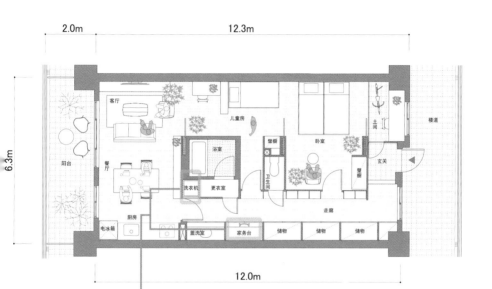

此方案将洗衣机独立摆放，然后在摆放位置设计了柜门。不使用洗衣机的时候，只要关上门，在厨房或者在客厅的人就无法看到洗衣机。我们在盥洗室的旁边设计了一个家务台，并且走廊的每个台子都配有柜门，不使用的东西可以巧妙地隐藏起来。此方案的洗衣动线为浴室→盥洗区→洗衣→厨房。

"家务动线与洗衣动线" 方案 3

将洗衣间设计在面向阳台的位置

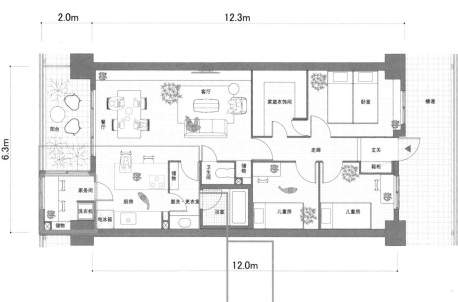

2.0m　　　　　　　　12.3m

6.3m

阳台　餐厅　客厅　家庭衣饰间　卧室　楼道

家务间　厨房　卫生间　储物　走廊　玄关

洗衣机　电冰箱　盥洗·更衣室　浴室　儿童房　儿童房　鞋柜

储物

12.0m

阳台　阳光房　厨房　储物　盥洗·更衣室

洗衣机　储物　电冰箱

此方案在阳台旁边设计了洗衣间。厨房与阳台之间的位置摆放了洗衣机，洗衣间内有家务台，无论是熨烫还是折叠衣物都非常方便。到了下雨天或者是强风天气，人们则可以在室内晾晒衣物。

在问卷的回答中，大多数人表示在室内晾晒衣物的情况更多。因此，下图设计中删掉了家务台，而是将这部分空间用于在室内晾晒衣物。

"家务动线与洗衣动线" 方案 4 [独栋住宅]

将洗衣间设计在与阳台相邻的位置

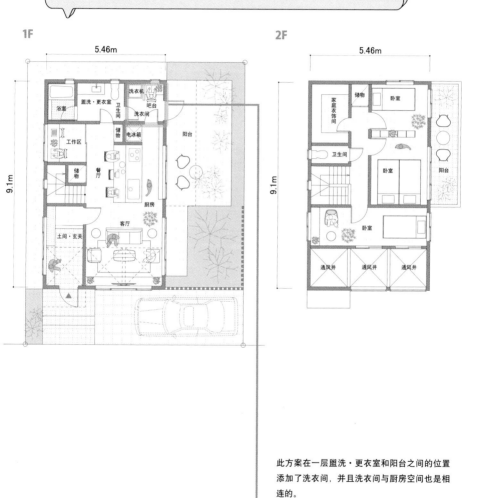

1F

5.46m

9.1m

浴室
盥洗·更衣室
洗衣机
卫生间
吧台
洗衣间
工作区
储物
电冰箱
阳台
储物
餐厅
厨房
土间·玄关
客厅

2F

5.46m

9.1m

储物
家庭衣饰间
卧室
卫生间
卧室
阳台
卧室
通风井
通风井
通风井

此方案在一层盥洗·更衣室和阳台之间的位置
添加了洗衣间，并且洗衣间与厨房空间也是相
连的。

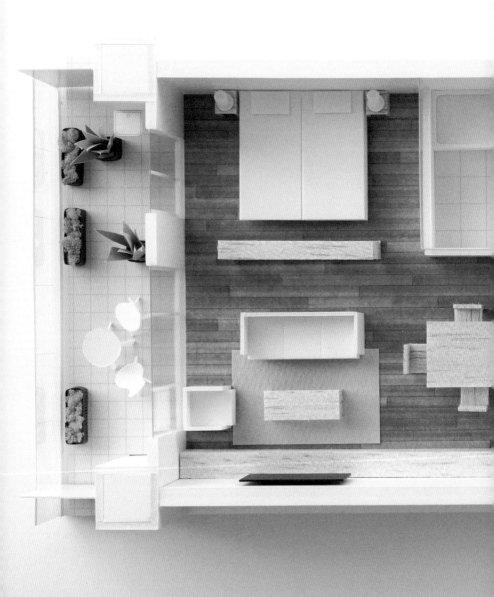

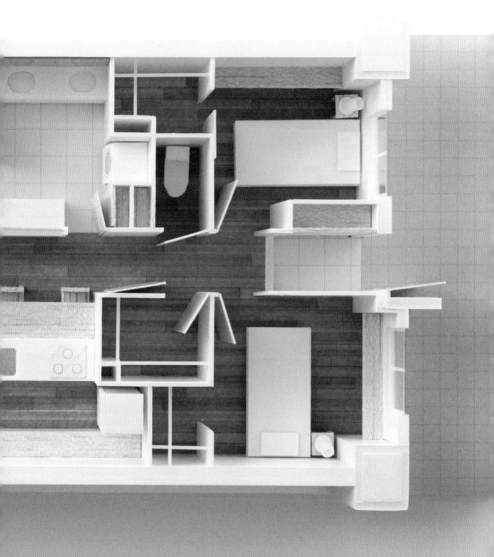

浴室与卫生间

人们在设计住宅的空间布局时，往往将浴室和卫生间的设计推到最后。

事实上，如果能够充实像浴室和卫生间这样的用水空间，那么就能给生活增添很多乐趣。

特别是对于日本人来说，浴室可谓是非常重要的放松地点。

在本章，我们将带着大家重新思考浴室和卫生间的空间布局。

针对小型单身公寓，我们向参与者提出以下问题：

Q1. 您认为将卫生间和更衣室放在一起好吗？

非常赞成　　赞成　　中立　　不赞成　　非常不赞成

25%　　51%

0%　　20%　　40%　　60%　　80%　　100%

问卷结果显示，有 76% 的人

"不希望将卫生间和更衣室放在一起"。

针对房间大小受限的公寓，我们向参与者提出了以下问题：

Q2. 假如浴室里没有浴缸，只有淋浴也可以吗？

非常赞成　　赞成　　中立　　不赞成　　非常不赞成

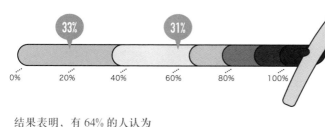

33%　　31%

0%　　20%　　40%　　60%　　80%　　100%

结果表明，有 64% 的人认为

"只有淋浴也可以"。

因此，我们可以考虑在浴室内只安装淋浴，
把节省出来的空间加到客厅。

针对房间大小受限的公寓，我们向参与者提出了以下问题：

Q3. 您是否认为即使浴缸小一点，也还是希望有一个？

■ 非常赞成　■ 赞成　■ 中立　■ 不赞成　■ 非常不赞成

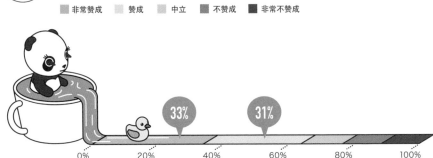

33%　31%

0%　　20%　　40%　　60%　　80%　　100%

调查结果显示，多数人认为即使小一点，也还是希望有一个浴缸。
但是，如果硬要放一个尺寸过小的浴缸的话，也许

浴室不放浴缸

也是一种选择吧！

Q4. 如果将浴室设计成透明的，从内部可以看见客厅，您认为怎么样？

■ 非常赞成　■ 赞成　■ 中立　■ 不赞成　■ 非常不赞成

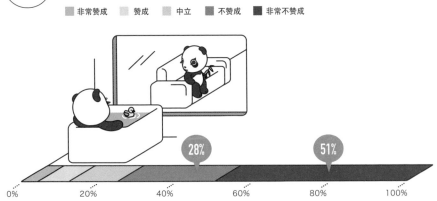

28%　51%

0%　　20%　　40%　　60%　　80%　　100%

调查结果显示，上述这种

能够从浴室看见其他房间的设计

似乎不是很受欢迎。

Q5. 您是否赞成将浴室和阳台连在一起?

■ 非常赞成　□ 赞成　□ 中立　■ 不赞成　■ 非常不赞成

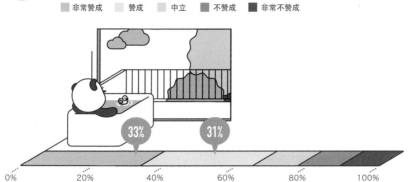

Q6. 将浴室和阳台连在一起，然后添加外廊，您认为这样的设计怎么样?

■ 非常赞成　□ 赞成　□ 中立　■ 不赞成　■ 非常不赞成

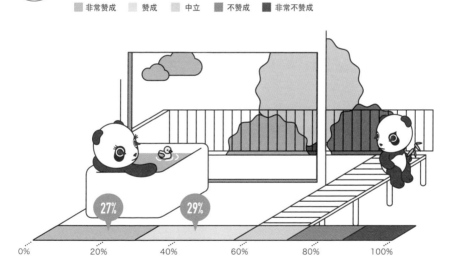

调查结果显示，

能看见窗外风景的浴室非常有人气。

也许与室外空间相连的浴室就是人们理想中的浴室。

公元 6 世纪，入浴这一生活习惯从中国传入日本。但在当时，这种生活习惯还仅限于贵族等极少部分人群。入浴习惯开始传入普通百姓家则是在室町时代 [1338 年 ~ 1573 年]，被称作"汤屋"的公共澡堂的出现，成为百姓开始进入公共浴场洗澡的转折点。到了江户时代，"汤屋"才真正地在日本得到普及。

最初，人们洗浴的方法是将膝盖以下的身体浸泡在洗澡水中，用热水散发出来的蒸汽蒸上半身。而到了江户时代，人们则开始将整个身体浸泡在洗澡水里了，也就是现代人的洗澡方式。此时，日本出现了烧柴直接煮沸洗澡水的铁质浴盆，关东普及的是"铁砲浴桶"[在浴桶中安置铁管，并向其中添加薪柴以烧水的浴桶]，而关西普及的则是"五右卫门浴桶"。

到了昭和三十年代后期，普通家庭就可以像现在一样在家中洗澡了。在这之前，人们一般在大正时代开始普及的"钱汤"[一种公共澡堂] 洗澡。

16 世纪，欧美国家的普通百姓家中还没有独立浴室。那时，人们的住宅中一般都会有暖炉，大家通常围坐在暖炉旁一起吃饭或聊天。于是，人们便在暖炉旁边放一个浴盆，用暖炉把水烧开后倒入浴盆之中，然后每一个家庭成员轮流在浴盆中洗澡。但回头想想当时的情况，烧热水也不是一件轻松的事情，况且不能保证每一天每一个家庭成员都能洗上澡，因此，对于当时的欧美人来说，洗澡是一段比较特别的时光。

就如上文所述，与欧美这种把水烧开后倒入浴缸的方式不同，在日本通常会事先在铁质浴盆下点起火来直接烧热水，也就是用"五右卫门浴桶"来洗澡。这种洗澡方式是直接用火烧热洗澡水，因此，人们一般将浴室设在室外或者是离室外比较近的地方。从以上的历史背景就不难明白，为何欧美国家将浴室设计在卧室附近，而日本则是将浴室设计在离室外比较近的地方了。

图为"五右卫门浴桶"，采用在浴桶下方灶台中直接烧柴加热铁桶的方式。
虽然加热方式简单，但调整水温恐怕比较难。

6.5m

6.0m

战后，到了昭和三十年代后期，各家各户都出现了浴室。而初期的公团住宅 [译者注：日本住宅公团〈现城市再生机构〉提供的住宅] 中是没有浴室的。到了昭和四十年代，"平衡式热水器"实现了从室外取气和向室外排气，浴缸安装了平衡式热水器之后，人们才将浴室挪入住宅内部。昭和四十九年 [1974 年]，燃气热水器普及之后，人们就可以在厨房使用热水的同时烧洗澡水了。

昭和四十九年，公团住宅采用的附带热水器的浴缸比现在的小得多，就连一个人蹲坐在里面洗澡都显得有些狭小。而当时将浴缸做得这么小是因为需要在同一个空间内放置浴缸和平衡式热水器。

图为昭和二十六年 [1951 年]，铃木成文等人设计的公团住宅的 "51C 型"基本格局图。这成了后来的公团住宅的基本格局。

昭和三十年代，东京都内的普通住宅中，浴室的普及率为 30%左右。昭和三十九年 [1964 年] 东京奥运会之前，日本兴起了建造酒店的热潮，与此同时，人们发明了将浴缸、盥洗台融为一体的整体浴室。昭和四十三年 [1968 年] 以后，这种整体浴室才进入普通的公寓住宅。在昭和三十年代，人们居住在普通的独栋住宅中，洗澡时一般使用木质或者铁质的浴缸，到了昭和四十八年 [1973 年]，市面上出现了不锈钢材质的浴缸。而人们在普通的独栋住宅中安装整体浴室则是在昭和五十年以后了。整体浴室不仅能够缩短装修时间，而且防水效果好，可以摆放在住宅的任意位置。

一般来说，公寓的上下层排水管的位置必须相同。不过最近，人们开发了一种施工方式——在楼板上保留埋管的空间，如此一来，便可以自由设计浴室、厨房及卫生间等用水场所的位置了。

既然对浴室位置的制约已经不复存在，那么人们就可以按照自己的生活方式或者憧憬的浴室样式，在公寓里自由地设计属于自己的浴室了。

根据家庭成员的人数来改变浴室的形态

现如今，日本的"丁克族"越来越多，直接导致了家庭人数减少这一非常严重的问题。据统计，平成二十四年 [2012 年] 日本每个家庭的平均人数为 2.57，单身人口占了 25.2% [数据来源于厚生劳动省，平成二十四年国民生活基础调查]。由此推测，将来每个家庭的人数还会继续下滑。那么，从现状来看，以往的四人用浴室，也就是日本人理想中的大浴室可能与时代情况越来越不相符了。

举个例子来说，单身的人多了以后，也许大家更加倾向于只安装淋浴冲凉或在大型公共澡堂洗澡这种方式，而不是每个人都烧洗澡水在家洗澡。因此，我们需要根据居住者的想法与社会形势的变化，在浴室的设计上做出一些改变。

小型住宅，小型浴室

如果家庭成员的人数变少了，那么住宅面积也会相应地发生变化。为了使人们能够过上舒适的生活，就不得不缩小厨房、浴室的空间。"回到家后真想在大大的浴缸里好好地泡泡澡呀！"这也许是大多数日本人的心声。但是随着时代的改变，我们也需要想一想，如何才能设计出带给人们同样舒适感的小型浴室。

小型浴室虽然空间有限，但从浴室与盥洗·更衣室、卫生间之间，以及浴室和客厅、阳台之间的空间联系来看，即使面积不大，也能通过设计带给居住者一个相对扩大了的视觉效果。

普通的浴室一般分为约 3.3m² 和约 2.5m² 两种。独栋住宅通常选择约 3.3m² 的浴室，公寓通常选择约 2.5m² 的浴室。但如果是小型的独栋住宅的话，约 2.5m² 的浴室也是一个不错的选择。

综上所述，如果住宅面积有限，不妨缩小浴室的面积，由此确保盥洗·更衣室和放置洗衣机的空间，这样也许更容易营造出一个舒适的居住空间。

两间浴室

　　面对有限的住宅空间，人们不得不思考如何缩小厨房和浴室空间。但另一方面，也有人希望可以为住宅里自己倾心的空间留下一个比较大的位置。

　　例如，对于非常喜欢泡澡的人来说，浴室不仅是一个清洗身体的地方，还是一个享受生活的地方。那么，我们在设计住宅的过程中，不妨将浴室作为整个住宅的主题。即使住宅空间比较小，还是可以设计两个浴室，一个是"清洁身体的浴室"，而另一个则是"使人心情放松的浴室"。我们可以将后者设计在客厅，这样一来，居住者可以一边享受着泡澡的舒爽，一边看电视或者读书。平时使用的浴室可以尽量小，但是功能必须齐全；而用于放松心情的浴室的面积则可以相对大一些。除此之外，把浴室和阳台连成一体，或者在阳台设计露天浴室也是不错的选择。

两个浴室当中，左侧的浴室在床边。人们可以一边泡澡，一边看电视或听音乐。

"浴室与卫生间" 方案 1

将盥洗·更衣室和卫生间融为同一空间

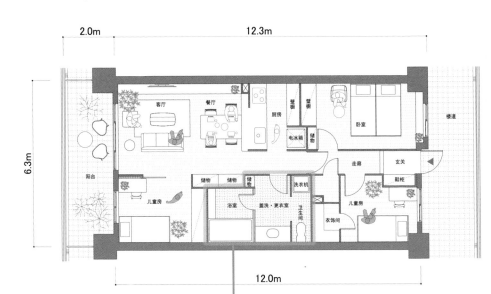

此方案将盥洗·更衣室和卫生间合并为一个空间，并扩大盥洗·更衣室所占的空间比例，另外设计了一个放置洗衣机的空间。如此一来，浴室、盥洗台、卫生间、洗衣间等用水的场所井然有序，为居住者提供了舒适的居住环境。整个设计中无须费心考虑卫生间的位置，因此在一定程度上提高了空间布局的自由度。

将玻璃浴室设计在客厅附近

2.0m 12.3m

6.3m

12.0m

客厅　餐厅　厨房　工作区　电冰箱　衣饰间　卧室　楼道
阳台　卧室　浴室　盥洗·更衣室　走廊　储物　储物　洗衣机　卫生间　衣饰间　玄关　鞋柜　卧室

此方案中，玻璃墙的浴室带给整个空间明亮感，而且增强了空间的开放性。浴室和客厅的设计在视觉上给人以宽敞的效果。居住者可以根据不同情况开关浴室的百叶窗，以保护个人隐私。

"浴室与卫生间"方案 3

把浴室设计在阳台旁边，并在浴室出口位置建造外廊

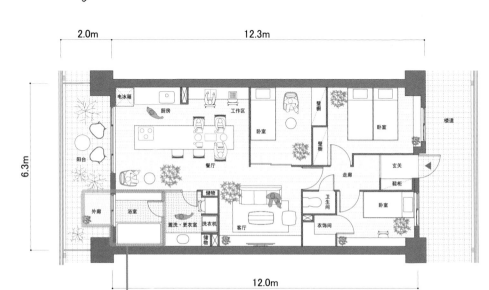

此方案将浴室设计在阳台的一侧，居住者洗完澡后可以直接从浴室走到阳台。阳台上建造有外廊，在享受泡澡的舒适后，人们可以在外廊度过一段惬意的时光。

从浴室出来可以直接来到与阳台相连的外廊

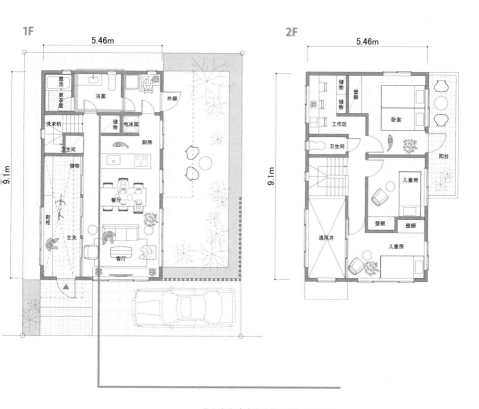

1F

5.46m

9.1m

盥洗
更衣室
浴室
外廊
洗衣机
储物
电冰箱
卫生间
厨房
储物
餐厅
鞋柜
玄关
客厅

2F

5.46m

9.1m

储物
壁橱
工作区
卧室
卫生间
阳台
儿童房
壁橱
壁橱
通风井
儿童房

此方案将玻璃墙壁的浴室与外廊相连，而外廊和其他空间将浴室包围起来，既能起到遮挡外部视线的效果，又能将外部空间与浴室空间融为一体。此浴室给人以仿佛置身于室外的感觉。

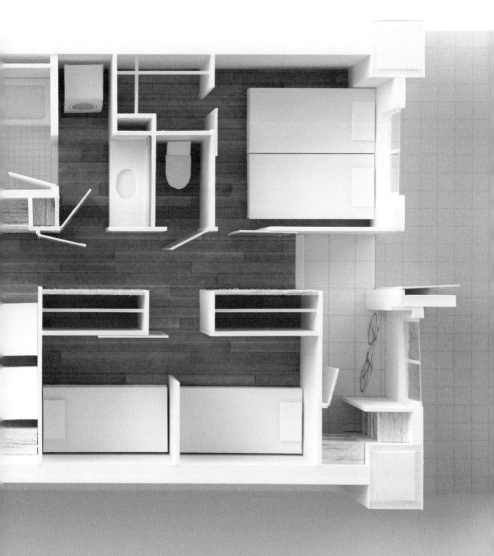

卧室

很久以前，许多家庭采用"一家三口川字排开"的睡觉方式。
随着时代的发展，人们越来越重视个人隐私，
即使是一家人住在一起，在设计住宅的时候也会优先保证卧室的数量。
而最近，越来越多的人认为，比起卧室这一私人空间，充实和家人在一起的共有空间更重要，
也有的人干脆将所有卧室变为一个空间，所有家人在没有隔断的空间睡觉。
本章中，我们试着从家庭成员的角度出发，分析卧室的空间布局。

调查结果显示，
大多数人希望能够扩大和家人在一起的空间，

但也希望卧室具有一定的功能性，
能够在卧室里做点什么。

针对房间大小受限的公寓，我们向参与者提出了以下问题：

Q1. 在整个住宅里，从空间选择上，您更希望优先考虑卧室这样的私人空间，还是客厅、餐厅等与家人共处的公共空间呢？

■ 希望扩大公共空间　■ 更加倾向于扩大公共空间　■ 中立　■ 更倾向于扩大私人空间　■ 希望扩大私人空间

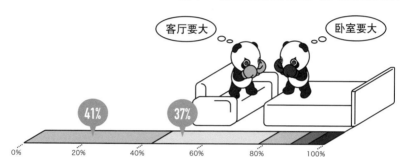

客厅要大　　　卧室要大

41%　　37%

0%　20%　40%　60%　80%　100%

Q2. 除了睡觉以外，您还在卧室做什么？

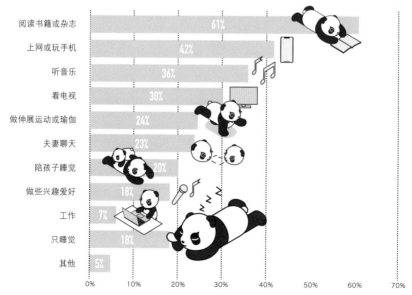

阅读书籍或杂志	61%
上网或玩手机	42%
听音乐	36%
看电视	30%
做伸展运动或瑜伽	24%
夫妻聊天	23%
陪孩子睡觉	20%
做些兴趣爱好	18%
工作	7%
只睡觉	18%
其他	5%

0%　10%　20%　30%　40%　50%　60%　70%

调查结果显示，

有 31% 的人希望和家人在
同一间房睡觉。

Q3. 您心目中理想的卧室结构是怎样的?

● 夫妻 + 孩子

43% 夫妻和孩子分两个卧室睡觉

31% 家庭成员全部在同一个卧室睡觉

26% 家庭成员每人一个卧室睡觉

● 丁克家庭

79% 夫妇在同一个卧室睡觉

21% 夫妻分别在两个卧室睡觉

Q4. 现在您家中的卧室结构是怎样的?

● 夫妻 + 孩子

49% 家庭成员全部在同一个卧室睡觉

32% 夫妻和孩子分两个卧室睡觉

19% 家庭成员每人一个卧室睡觉

● 丁克家庭

83% 夫妇在同一个卧室睡觉

17% 夫妻分别在两个卧室睡觉

调查结果显示，

按照参与者年龄层分析，

年龄越大，倾向于夫妻分房睡觉的人越多。

夫妻 + 孩子的情况下，

有 37% 的人选择"日式被褥"

[将被褥铺在地板或者榻榻米上睡觉]。

Q5. 日式被褥和西式睡床，您更喜欢哪一种?

■ 喜欢在榻榻米上铺被褥睡觉　　■ 喜欢在木地板上铺被褥睡觉　　■ 喜欢西式睡床

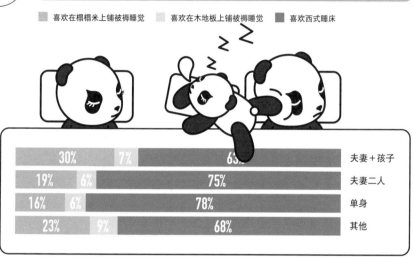

30%	7%	63%	夫妻+孩子
19%	6%	75%	夫妻二人
16%	6%	78%	单身
23%	9%	68%	其他

调查结果显示，

在木地板上铺被褥睡觉这一方式值得关注。

另外，一些人认为，对上了年纪的人来说，

西式睡床会更加舒适。

从调查问卷的 Q3 和 Q4 的回答结果可以看出，倾向于每个家庭成员都有自己的房间，以及夫妻和孩子分卧室睡觉的人占整体的 69%［详见 68 页］。

从寝食分离到憧憬私人空间，人们对住宅理念的改变也是日本战后住宅历史的一部分。从大正时期到昭和时期，普通百姓家里"吃饭的地方"和"睡觉的地方"是同一个空间。当时住宅里的房间数量也非常有限，通常是男主人在一个房间睡觉，其他家庭成员都在另一个房间睡觉。

战后，公团在思考现代理想的生活模式时，首先进行的就是将"睡觉的地方"和"吃饭的地方"分开，即寝食分离。而那时寝食分离的空间布局，则是将整个住宅划分为两个空间，一个是独立的餐厅兼厨房，另一个是卧室，总面积约为 39m²。也就是说，家里人都住在同一个卧室里。当时很多人都将这种寝食分离的空间布局作为理想住宅，而这种格局也在当时社会中逐渐普及开来［详见 57 页公团住宅基本格局图］。

然而，当日本社会进入了经济高度增长时期之后，人们在家里摆放的物品逐渐多了起来。不仅如此，人们开始向往家里能有一个私人空间，由此，各个房间的面积也逐渐扩大。结果，到了平成二十四年时，昭和三十年代时期 39m² 的公团住宅面积激增到原来的近两倍，扩大至 72m² 左右。

在住宅面积不断扩大的过程中，人们越来越注重个人隐私，希望能够实现"一个孩子一个房间"的空间布局。此后，人们提出了各种样式的卧室格局，有不光是夫妻和孩子分开睡，连夫妻都分两个卧室睡觉的"多单间式"格局，反之，也有像过去那样，家人同住一个卧室的"一室"格局。除此之外，还有人从视觉、居住舒适度，以及对居住情况发生变化时的适应性等角度出发，在一个房间内设置屏风或者拉门，以根据不同需求改变住宅的格局。

我们认为，伴随时代的变迁，以及人们对卧室的认识和需求的增加，重新考虑卧室多样性变得尤为重要。

针对调查问卷中的 Q2，有 18% 的人回答"在卧室除了睡觉以外什么都不做"[详见 67 页]。

如果仅将卧室作为睡觉的空间来考虑的话，那么即使面积相对较小也不会影响空间功能。于是，我们提出了这样一个方案：缩小卧室空间，卧室里除了寝具之外不放置其他物品，这样一来，卧室整体感觉更加整洁[详见下图]。而其他公共空间则可以作为全家人都能够使用的工作空间以及休闲空间，只要找到有效使用的方法，即使空间有限也可以采取提高空间利用率的方式来保证生活质量。

卧室不需太大，能够满足睡觉需求足矣

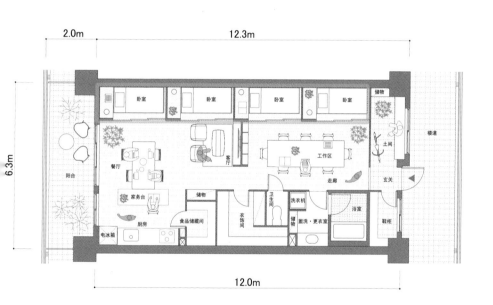

此设计在住宅的墙边放置了睡床，并以帘子作为软隔断。
图中卧室设计只保证睡觉所需空间，因此比较适合小型住宅。

将办公桌和储物家具从卧室移到走廊

在前一页的设计方案中，我们在走廊内设计了一处工作区。如此一来不仅提高了走廊空间的利用率，而且节省了卧室空间，把卧室单作为睡觉的空间使用，不需要摆放任何桌子。

通常情况下，如果在卧室里添加储物架、书架、办公桌等家具，那么不仅家具本身占用了一定的空间，在设计的时候还必须留出人们的活动空间。如此一来，卧室能够利用的空间就变得少之又少了。将储物架、书架、办公桌从卧室移到走廊之后，走廊本身的空间就可以作为活动空间使用，大幅度地提高了空间的利用率。除此之外，我们还可以尝试在储物架、书架和办公桌边加上门，根据需求开关门。这样设计的好处是即使工作还未完成，桌面比较杂乱，只要一关门就不会影响整体美观。

此方案在卧室里摆放了壁橱，用来挂平时穿着的衣服。而走廊则加入了办公桌和收纳换季衣物的储物家具。

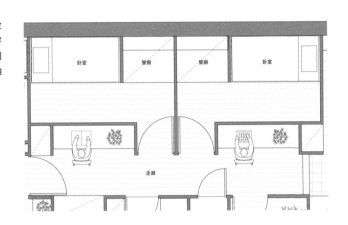

此方案将壁橱从卧室移到走廊，而卧室则成为一个只提供睡觉功能的空间。

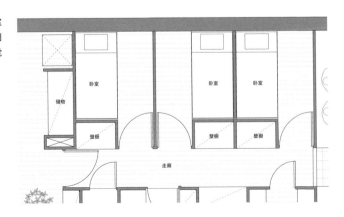

在设计卧室格局时，如果采用简单的家具或者挂毯这种软隔断来代替墙壁的话，就能够确保人们在需要私人空间的时候不受到别人的打扰。软隔断不同于墙壁，不是将一个空间完全间隔成两个或多个空间，因此能够让人感受到空间的开放感。用软隔断恰到好处地分割空间，可以使人们在享受独立空间的同时感受温馨的家庭氛围，而这也许就是让居住者体味到和家人在一起生活是多么舒适的一种空间布局。

日本人一直以来采用拉门或者隔扇来分割空间。因此，与欧美人采用墙壁来作为空间隔断的方式相比，将两个空间自然连接在一起的软隔断设计更加适合日本人。

另一方面，还有一部分人喜欢在不受家人干扰的情况下，在卧室享受夫妻的二人世界，或者在卧室的工作区看看书、写写日记、玩玩电脑等，享受属于自己的时光。

这种情况下，我们则可以考虑将卧室设计得大一些，相应地缩小公共空间。而公共空间则可以将餐厅作为空间的中心，这样一来，家庭成员在吃饭的时候聚在一起享受天伦之乐，其他时间则可以在自己的独立空间里度过。如果家里没有孩子，那不妨考虑一下这个方案。

最近，有些人提出夫妻分房睡的想法。

调查问卷 Q3 的结果显示，有 21% 的人希望夫妻能够分别在两个卧室里睡觉 [详见 68 页]。人们产生这样的想法并不是因为夫妻关系不好，而是因为双方的作息时间不同，希望通过分房睡这种方式更好地保证对方的睡眠不受到干扰。还有些人是因为独自睡觉时睡眠质量比较高，希望能够有一个人睡觉的时间。

我们非常理解人们希望独享睡觉时间的这一想法。因此，在设计卧室格局的时候，我们也应该充分了解居住者这种心情和愿望，满足其需求。

"卧室"方案 1

> 将卧室作为"仅供睡觉的空间",卧室面积控制
> 在一定范围内

此方案将卧室设定为仅供睡觉的空间。主卧旁边设有衣帽间,儿童房中无收纳家具,儿童物品收纳在走廊的壁橱里。我们大胆地将壁橱放在了走廊,这样使用者自然就在走廊完成收纳工作,而且可以省去卧室内的整理工作,保持卧室整洁。利用从卧室节省出来的空间,我们在客厅旁边设计了副客厅,在餐厅的一角设计了一个工作区。

"卧室" 方案 2

缩小客厅、餐厅面积，充实卧室空间

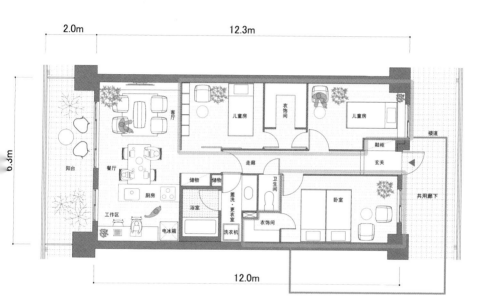

此方案适当地缩小了餐厅和客厅的面积，进而扩大卧室空间，并在卧室内设计了沙发等供人们放松的区域。如果您认为卧室不仅是一个睡觉的地方，而是睡前度过一段轻松时间的个人空间，那么这个方案是一个不错的选择。

用家具代替墙壁做卧室隔断

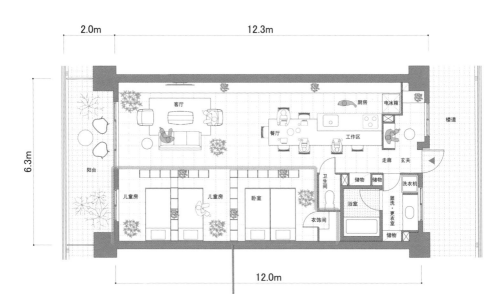

此方案中将卧室设定为同一个空间，用高度为 1.2m 的家具作隔断切分出 3 间。随着家庭成员的成长及增减，可以自由改变卧室格局。这样的设计不仅能够确保人们有充足的私人空间，而且能让居住者感受到浓郁的家庭气氛。由于卧室空间采用了软隔断，整个空间不乏开放、明朗的感觉。

"卧室"方案 4 [独栋住宅]

住宅二楼设计一家人共同居住的大卧室

1F

2F

此方案在住宅的二楼设计了一个整体空间作为卧室。空间内部的睡床用家具间隔,必要的时候可以用挂毯等软隔断简单地分割空间。此设计的一大好处是,如果孩子将来长大后需要自己的独立空间,可以根据需要调整空间。另外,我们在走廊旁边设计了一个工作区。为了不影响睡觉的人,工作区与卧室用隔扇间隔。不工作的时候,则可以将隔扇打开,从而形成一个更加开放的空间。

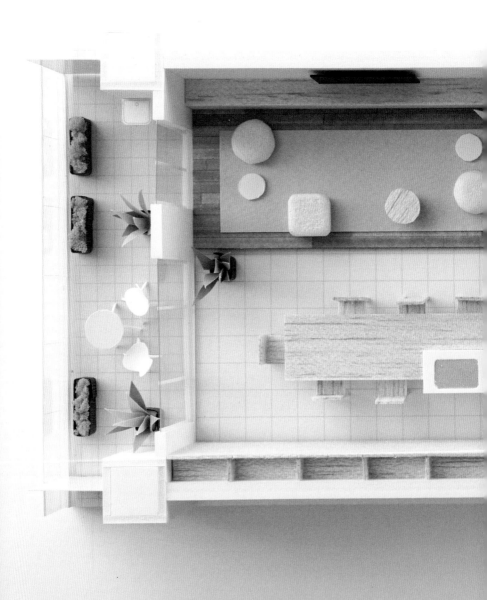

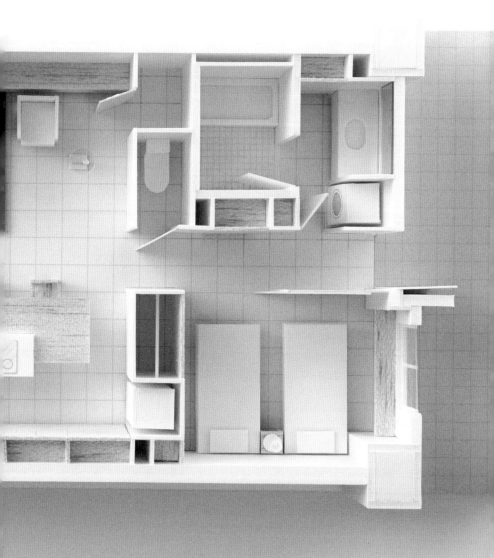

厨房

通常情况下，人们希望厨房具备相应的功能，能够为我们提供高效完成家务的环境，
另一方面，厨房作为理想生活的象征，其外观也得到了人们的重视。
开放式厨房虽然实现了人们一边与家人聊天、一边开心做饭的愿望，
但也不能就此判断这样的厨房就是功能齐全的完美厨房。
那么，如何让厨房同时满足人们对功能和外观的要求呢？
本章将针对厨房向大家介绍几个不同的设计方案。

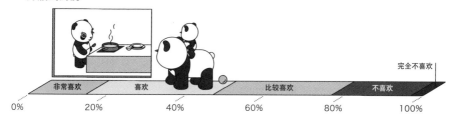

Q1. 您喜欢哪种厨房呢?

开放式厨房

半开放式厨房

封闭式厨房

调查结果显示,

有越来越多的人倾向于选择开放式厨房。

人们在厨房里能够一边做饭,一边享受其他欢乐时光,
这样的厨房可以说是理想中的厨房。

调查结果显示，有 82% 的人希望

料理台旁边有一个食物储藏间。

Q2. 针对下列不同的厨房样式，请您选择最符合的一项。

■ 非常赞成　■ 赞成　■ 勉强赞成　■ 不太赞成　■ 不赞成　■ 非常不赞成

将厨房设计在住宅中间，主妇在厨房
做家务的时候可以看见家人

0%　　20%　　40%　　60%　　80%　　100%

家人都集合到厨房，共享欢乐时光

0%　　20%　　40%　　60%　　80%　　100%

主妇一天的大部分时间都在厨房度过，如果有一个专用的家务空间那就更加方便了

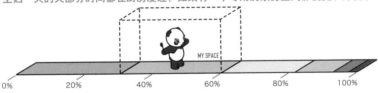

MY SPACE

0%　　20%　　40%　　60%　　80%　　100%

厨房的储物空间非常少，如果料理台旁边有一个食品储藏间就好了

FOOD

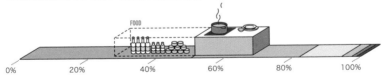

0%　　20%　　40%　　60%　　80%　　100%

夫妻在厨房一边聊天，一边收拾碗筷、洗涤餐具

0%　　20%　　40%　　60%　　80%　　100%

从准备晚饭、做饭，到餐后整理，

大概要花费 1 个小时。

因此，人们理想中的厨房空间是能够让人们高效完成家务的环境。

Q3. 您每天在三餐上花费多长时间?

准备 烹饪　　餐后清理

早餐　　**27分**

午餐　　**18分**

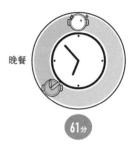

晚餐　　**61分**

通过分析调查结果，我们发现人们更喜欢一边看电视或聊天，一边做饭。

也就是说，厨房与其他空间的连接效果也非常重要。

Q4. 您在做饭的同时，还喜欢做些其他什么事情呢?

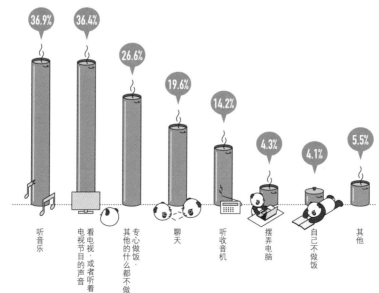

| 36.9% | 36.4% | 26.6% | 19.6% | 14.2% | 4.3% | 4.1% | 5.5% |

听音乐　看电视·或者听着电视节目的声音　专心做饭·其他的什么都不做　聊天　听收音机　摆弄电脑　自己不做饭　其他

很久以前，人们居住在传统的日式房屋里，而厨房一般被放在玄关附近的土间 [译者注："土间"在日本传统住宅中指不铺地板的素土地面的部分]。由于在厨房做饭需要水和火，因此，人们将厨房建在居住空间以外，在素土地上搭"灶"，然后在灶上做饭。但仔细想来，当时的主妇做好饭后将饭菜端到吃饭的地方，应该也是一件不轻松的事情。

到了大正时代，厨房才真正地出现在了各家各户的住宅里。当时，随着天然气的普及，人们不必再烧柴做饭，因而厨房具备了可以进入居住空间的条件。另外，上下水设备的配备也在一定程度上减少了女性的家务负担。

战后，公团住宅所采用的水槽台面一体式厨房料理台进入了人们的视野中，由此，普通百姓家的厨房迎来了历史意义上的改革。当时厨房料理台虽然还未配备燃灶，但与以往的人造大理石料理台相比，不仅具有更加卫生、性价比更高的特点，而且也给人们留下了更大的设计空间。

随后，被称为"主妇的天下"的厨房经历了一轮又一轮的进化。昭和五十五年 [1980 年] 前后，料理台逐渐整合了燃气灶和烤箱，还配备了使用同样设计和材料的收纳架，如此，"整体厨房"便诞生了。也就是说，现在我们习以为常的整体厨房其实只有 30 年左右的历史。

根据我们对问卷调查 Q2 的统计，有 82% 的人表示料理台旁边如果能有一个食物储藏间会更方便 [详见 82 页]。

"无印良品之家"实际走访了许多住宅。我们发现，每家住宅的料理台周边都林林总总地摆放着许多东西，有做饭的食材、餐具、烹饪用具、洗涤用具，以及纸巾、纸巾盒等，不仅种类繁多，而且非常占空间。

如果我们在料理台旁边设计一个食品储藏间，那么就可以把包括食品在内的许多物品都收纳在储藏间内一目了然的位置，料理台只放置一些常用的用具，这样一来，便可实现高效做家务的环境。因此，不妨考虑添置一个能够给您带来便利的小型食品储藏间。

欧美的住宅面积往往很大，因此，整体厨房也变得越来越大，而且一直在向着多功能、高价奢侈的方向发展。

那么，日本的厨房又是怎样的呢？随着日本住宅行业的发展、居住人数的减少，以及智能家用电器的不断开发等一系列社会环境的变化，比起欧美式的大厨房，我们更应该尝试设计适合我们实际生活的小型简约厨房。

图为配备 1.8m×0.45m 料理台的小型厨房。最近，人们在设计小型厨房料理台的时候，通常将长度设定为 2.2m 或者 2.4m。图中采用的 1.8m 长的料理台虽然较小，却留给人们更大的设计空间。

近几年来，越来越多的家庭选择不在家里做饭，而是到超市购买一些副食，回到家简单加工后食用。因此，如果居住者选择这种烹饪方式，在设计时就可以适当缩小厨房的面积。普通厨房料理台的宽度为 0.65m，而此图则将其设计为 0.45m，如此一来，一个方形空间 [1.8m×1.8m] 就能够完美地囊括料理台、收纳库、电冰箱等物品了。

如果采用小型厨房，那么即使住宅面积有限，我们也可以确保家中有客厅、餐厅等专用空间。

虽然上述小型厨房是一个不错的选择，但仍然有人认为需要一个大型厨房。那么，这时我们就可以尝试着将厨房设计成可移动、可自由组合的"家具"。下图分别是大小为 0.9m×0.9m 的水槽、炉灶及桌子，共同构成厨房的 3 个组成单元。我们可以根据居住者的实际需要组合这 3 个空间单元，从而得到理想的厨房。

例如，人们想吃铁板烧或是火锅的时候，可以将厨房移动到饭桌旁边，实现理想的效果。

与固定式厨房相比，上述厨房不仅可以像家具一样自由组合、移动，搬家的时候还可以一起带到新居，如此一来，便为居住者提供了更多生活方式的可能性。

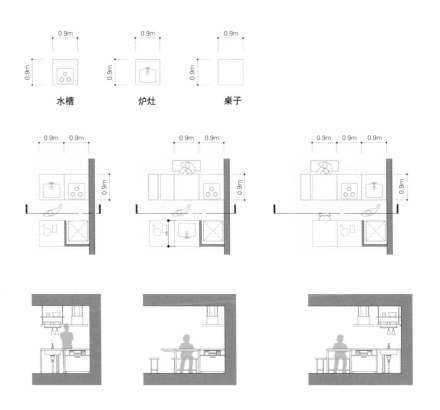

正方形的空间单元可以根据厨房的大小自由组合，同时提高空间的使用效率。

下图为在住宅中心放置厨房的空间布局。我们尝试着将厨房料理台与大餐桌连成一体，这样一来，就为居住者实现了以做饭、吃饭，享受与家人和朋友在一起的欢乐时光等为中心的生活方式。这样设计厨房的灵感来自问卷调查。根据109页的分析结果，很多人希望能够与家里人一起吃饭，共享天伦。

此设计方案中的大餐桌不仅可以用于吃饭，还可以用于工作、做家务、学习。住宅中心位置摆放了厨房和餐桌后，每天的大半时间，家人都可以在此欢聚。

如果您喜欢享受料理、享受美食、享受与家人和朋友欢聚的时光，那么，将厨房放在中心位置正好可以满足您的愿望，使梦想的生活方式变为现实。

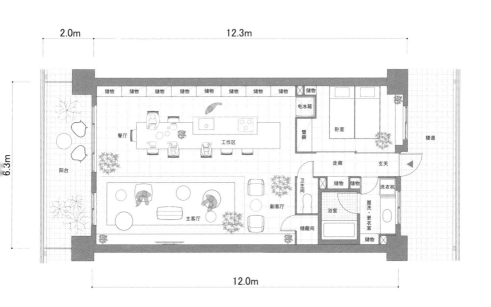

此方案设计中厨房料理台连接了一张大桌子，除了可以用作餐桌之外，还可以作为工作区使用。除此之外，墙壁一侧还设计了大量的储物空间。

"厨房"方案1

厨房背后添加一个多功能台

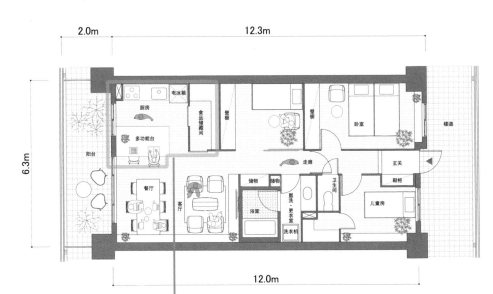

2.0m   12.3m

6.3m

电冰箱
厨房
食品储藏间
壁橱
多功能台
阳台
卧室
楼道
走廊
玄关
鞋柜
餐厅
储物 储物
客厅
盥洗·更衣室
浴室
洗衣机
卫生间
儿童房

12.0m

此设计方案在墙壁一侧设计了长为1.8m的厨房料理台,背面摆放了一个可供料理和吃饭的多功能台。居住者不仅可以在厨房里一起做饭、做家务,还可以将厨房空间作为工作区使用。如此一来,便填补了厨房所不具备的一系列功能。料理台旁边的食品储藏间具有强大的收纳能力,将厨房用具整理摆放后,料理台也随之变得井井有条。

"厨房" 方案 2

带有大吧台的开放式厨房

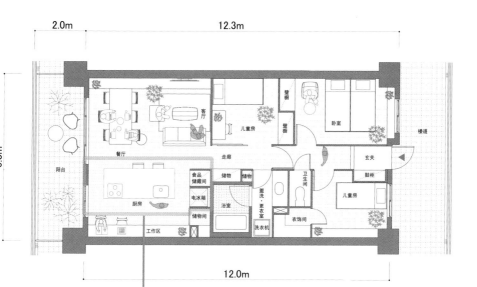

此方案设计了一个长为 2.7m 的开放式厨房吧台。将吧台的一侧加宽，兼作饭桌使用。如此一来，厨房便成了兼备做饭、吃饭功能的空间。吧台高度为 0.85m，需配置长脚椅。厨房吧台背面为可以用来做家务的工作空间，侧面除了摆放电冰箱以外，还设计了食品储藏间和储物间。

089

不使用时可关闭拉门的隐形厨房

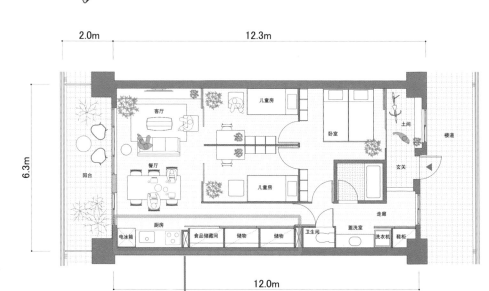

此方案在小型厨房前面安装了拉门。居住者在不使用厨房的时候可以将拉门关上，将厨房"隐藏"起来。厨房周围的各种用具、物品虽然会给人以杂乱的感觉，但只要在不使用的时候关上拉门，同样会打造出一个整洁的居住空间。方案中与厨房连接的收纳空间，一部分可作为食品餐具储藏室，用来收纳食材、盘子等物品。

"厨房" 方案 4 [独栋住宅]

带有大吧台的开放式厨房

1F

2F

此方案设计了室内、室外两个厨房。室内厨房作为日常厨房使用，其中摆放了吧台，既可以做饭又可以用餐。除此之外，此方案将厨房地板高度降低了0.13m。另一个厨房为室外厨房。气候宜人的时候，全家人可在室外吃饭或者招待朋友，举办派对。

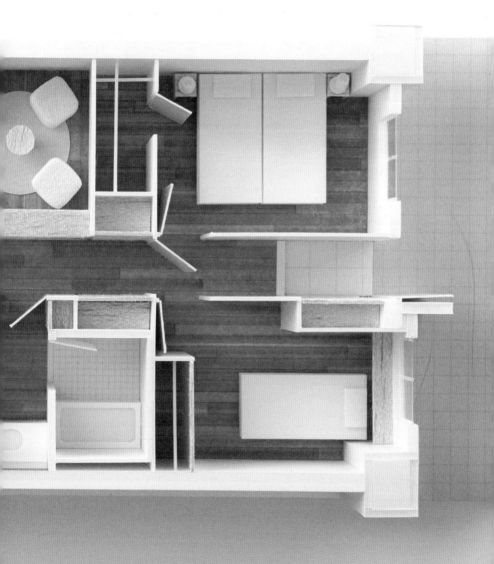

Photo © 森﨑健一

客厅

在我们的印象中，客厅是一个能够休闲、放松身心的房间。
我们在客厅里与家人享受天伦之乐、招待朋友、看电视。
然而，随着时代的进步，人们选择在客厅放松的方式也在不断变化着。
那么，现代客厅应该具备怎样的功能呢？让我们一起来思考一下。

除了客厅之外，
人们选择和家人共聚的地方还有很多。

Q1. 将来，您想在住宅中的什么地方与家人共享时光呢?

茶室 **5.3%**

被炉 **19.5%**

壁龛附近 **29.2%** 房间 **6.9%**

西式房间旁边的和室 **13.9%**

客厅 **47.5%** 床座 **30.3%**

单人沙发 **5.1%**

客厅沙发 **64.3%**

露台 **27.0%**

其他 **1.4%**

Q2. 您认为现在或者将来，家人每天聚在一起的时间为多长。

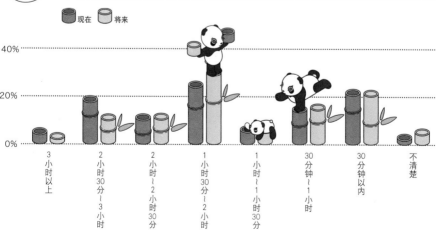

现在　将来

40%

20%

0%

3小时以上　2小时30分~3小时　2小时~2小时30分　1小时30分~2小时　1小时~1小时30分　30分钟~1小时　30分钟以内　不清楚

■ 在客厅做　　■ 不在客厅做

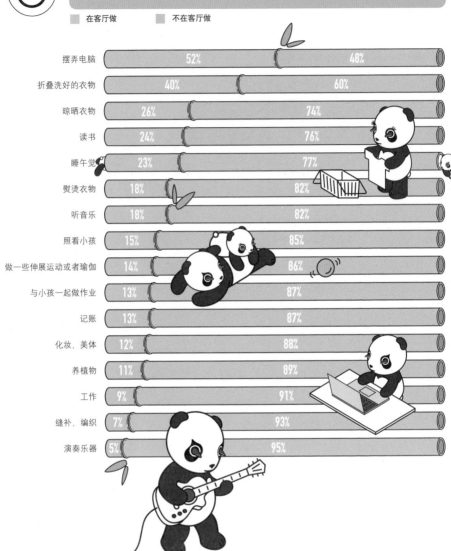

摆弄电脑	52%	48%
折叠洗好的衣物	40%	60%
晾晒衣物	26%	74%
读书	24%	76%
睡午觉	23%	77%
熨烫衣物	18%	82%
听音乐	18%	82%
照看小孩	15%	85%
做一些伸展运动或者瑜伽	14%	86%
与小孩一起做作业	13%	87%
记账	13%	87%
化妆、美体	12%	88%
养植物	11%	89%
工作	9%	91%
缝补、编织	7%	93%
演奏乐器	5%	95%

人们在客厅里做各种各样的事情。

现代客厅已经变成了一个多功能空间。

Q4. 如果可以在住宅里加一个房间，您最想添加的是哪个房间？

■ 想添加　■ 有点想添加　■ 都行　■ 不怎么想添加　■ 不想添加

	想添加	有点想添加	都行	不怎么想添加	不想添加
书房	36%	27%	16%	9%	12%
兴趣专用房	30%	28%	17%	9%	16%
会客室	23%	35%	17%	10%	15%
儿童房	33%	18%	21%	6%	22%
家务间、缝纫间	23%	29%	18%	11%	19%
图书室	19%	23%	19%	13%	26%
家庭影院	18%	24%	20%	16%	22%
温室、栽种植物	11%	17%	20%	18%	34%
工作室、乐器室	11%	15%	17%	15%	42%
健身室	10%	15%	20%	20%	35%
接待室	9%	15%	19%	22%	35%
收藏室	7%	11%	21%	20%	41%
宠物专用室	6%	8%	16%	13%	57%

根据调查，很多人希望在住宅里

添加一个书房或者兴趣专用房。

Q5. 家中平均多久会来一次客人？

■ 每周2次以上　■ 每周1次　■ 每月2次　■ 每月1次　■ 2~3个月1次　■ 半年1次　■ 每年1次或不到1次

	每周2次以上	每周1次	每月2次	每月1次	2~3个月1次	半年1次	每年1次或不到1次
家人、亲戚	4%	6%	8%	12%	21%	17%	32%
朋友	3%	7%	9%	12%	23%	16%	30%

虽然在Q4中很多人回答希望在住宅中增添会客室，但根据Q5的回答，

家里来客人的频率还是比较低的。

19世纪之前，"Living Room"一词被直译为"生活的房间"，即指代住宅内部所有作为人们生活的场所而使用的房间。到了20世纪工业革命之后，"Living Room"才开始被用于特指某一房间。在这之前，住宅一般兼做工作室使用。工业革命期间，工厂和办公室出现在了人们的视野中，自此，人们才把工作场所、居住场所、休闲娱乐场所分离开来。与此同时，为了与浴室、卫生间、厨房、餐厅、卧室等房间的功能用途明确区分，住宅中具有多种用途的空间被称作"客厅"。

因为上述历史背景，现在的客厅同样具备各种各样的使用功能。客厅没有固定用途，因此也更加容易彰显主人的个性，但同时，客厅也是摆放物品多且容易凌乱的地方。人们在客厅共享天伦，又在客厅招待客人，所以客厅也被称作日常生活与非日常生活交错的特殊居住空间。

于是我们想到，与其费尽心思让一个客厅囊括所有功能，不如多设计几个客厅，各司其职，满足居住者的需求。

客厅不仅是一家团聚的场所，而且也是招待客人的场所，如问卷的Q3的结果显示，人们还在客厅内做许多其他事情 [详见96页]。既然客厅如此重要，那么我们就有必要重新考虑客厅的实用性、舒适性、功能性及储物收纳等问题。

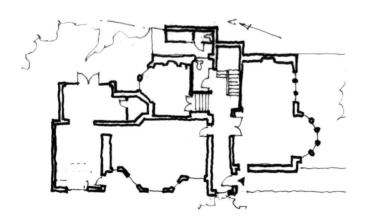

图为19世纪英国伦敦某一宅邸设计图。该住宅中设有书房及会客室。

到了寒冬时节，日本家庭的一家老小便会自然而然地围坐在被炉旁一起聊天，或者看电视、吃饭，有时候甚至会在被炉里打盹儿。在日本，被炉可以称得上是一家团圆的传统象征。

被炉的起源可以追溯到室町时代，当时人们在地炉上搭上木框，然后将被子盖在上面，便成了现在我们熟知的被炉。到了昭和五十年代，现在人们习以为常的电被炉才普及到千家万户。被炉与其他取暖工具不同，只加热局部空间，因此是非常节能环保的。

随着时代的变化，现今人们一般聚在客厅、餐厅的沙发或者桌子附近聊天，享受与家人在一起的时光。但是，从问卷调查的结果来看，令我们出乎意料的是，许多人仍然非常喜欢和家人一起围坐在被炉旁边。而事实上，确实也有很多家庭选择这样的方式共享天伦。与欧美人喜欢坐在沙发上一起聊天不同，日本人更加喜欢围坐在小小的被炉旁，这也许是因为被炉带给人们恰到好处的距离感。那么，让我们来思考如何将被炉融入现代人的生活中。

我们针对"看电视的方式"进行了问卷调查，结果显示有58%的人对"夏天坐在地板上，冬天围坐在被炉边看电视"有共鸣[如下图]。也许是因为，坐在地板上看电视比坐在沙发上更能让人放松吧。除此之外，"吃饭时坐在地板上还是坐在椅子上"这一问题的回答结果显示，约25%的人选择坐在地板上吃饭。

"床座"生活，即坐在地板上生活，是日本传统的生活方式，这种生活方式的优势之一就是空间功能不受家具的限制。因此，日式传统的生活方式也是我们研究的课题之一。

在地板上生活的方式自由度较高，同一空间不仅可以用来吃饭、放松，还可以兼做卧室使用。这也是日本人扩大有限空间、增加空间用途的智慧。

我们针对"看电视的方式"进行了问卷调查，结果显示有58%的人回答"夏天坐在地板上，冬天围坐在被炉边看电视"。

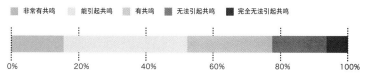

非常有共鸣　能引起共鸣　有共鸣　无法引起共鸣　完全无法引起共鸣

0%　　20%　　40%　　60%　　80%　　100%

下图为有 2 个客厅的住宅设计图。较大的客厅设计成以家人交流为目的的空间，人们可以在客厅一起聊天、看电视或者玩游戏。另一个客厅为副客厅，面积较小，可供一个人读读书或者打个盹儿，悠闲享受私人空间。副客厅营造的是比较随意的氛围，即使有几本书摊在屋内，或者有做到一半的工作放在房间里也无伤大雅。

虽说客厅没有特定功能，但将整个客厅空间分成两个独立的小空间各司其职，也是一个不错的设计思路。

如果我们将思路发散到室外，那么设计出来的住宅给人的感觉可能比实际更加宽敞。

虽然住宅中的客厅比较小，但通过将其与室外相连接，所形成的新空间不仅视觉上宽敞许多，而且同时具备了更多的功能。在后院或者露台摆放具有客厅功能的桌子和椅子，人们便可以在气候宜人的时候在此享受下午茶、用餐或者举办派对。另外，很久以前日本住宅中就开始设有"外廊"这一半外部空间，人们可以在外廊与邻居一起聊天。因此，外廊也起到了与周围人加深了解的效果。

灵活运用住宅内部与外部交界处的空间，这也是日本人生活的智慧。如果将这一智慧运用到现代住宅中，相信也会有不错的效果。

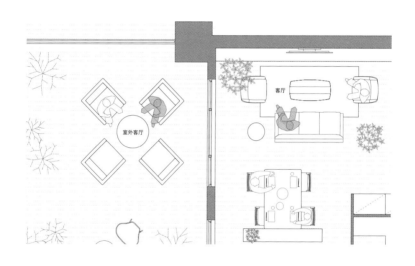

此方案中，我们在毗邻客厅的阳台上摆放了桌椅，建成了室外客厅。把窗户打开之后，两个客厅相连，形成一个更大的空间。

"客厅" 方案 1

住宅中配备了 2 个客厅，
其中一个作为"独自享受休闲时光"的空间

此方案中，我们在面向阳台的位置设计了主客厅，用于家人聚在一起聊天。而位于住宅中央的是副客厅，人们可以在里面读书、坐在地板上休息，尽情享受私人时光。靠近阳台一侧的客厅起到了遮挡外部视线的作用。另外，为了区分读书与工作的场所，我们在两个客厅中间还设置了一个工作区。

"客厅"方案 2

住宅中配备了 2 个客厅，
其中一个作为"休闲"空间使用

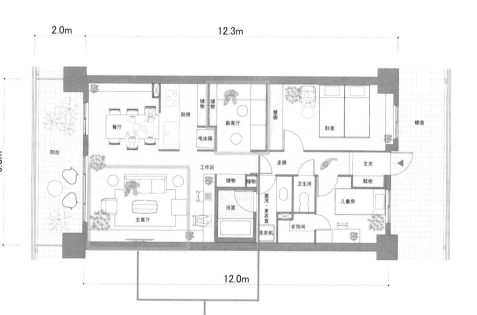

2.0m　　　　　　　12.3m

6.3m

阳台

餐厅　厨房　储物　储物　副客厅　壁橱　卧室　楼道
电冰箱
工作区　　走廊　玄关
储物　储物　　　　盥洗·更衣室　卫生间　鞋柜
主客厅　　　　浴室　　　　　儿童房
洗衣机　衣饰间

12.0m

此设计方案为居住者提供了 2 个客厅，其中一个位于
厨房内侧，位置隐蔽，因此可以确保使用者的隐私。
另外，客厅内铺设了地毯，人们可以在客厅里悠闲地
看书，也可以独自小憩。

"客厅"方案 3

扩大卧室和其他房间，打造小型客厅

此方案缩小了客厅的面积，给卧室和其他房间留出了更大空间。我们在客厅旁边摆放了一张比较大的饭桌，人们可以围坐在饭桌前聊天。另外，客厅虽然比较小，但还是摆放了两张躺椅，人们可以在客厅悠闲地看电视或者听音乐。客厅没有墙壁隔断，客厅内外的人可以自由交流。另外，我们还在右侧添加了工作区，居住者可以在此做家务或者工作。

在住宅中庭增添一个新的客厅空间

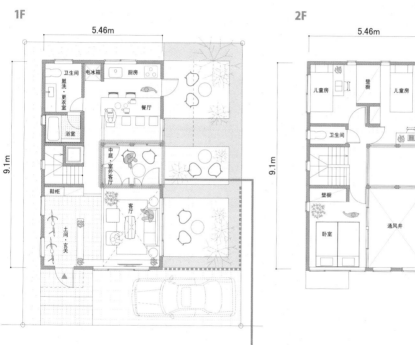

1F

5.46m

9.1m

卫生间
电冰箱
厨房
屋洗・更衣室
餐厅
浴室
中庭・室外客厅
客厅
鞋柜
土间・玄关

2F

5.46m

9.1m

儿童房
壁橱
儿童房
阳台
卫生间
壁橱
卧室
通风井

此方案除了在居住空间内设计一个主客厅之外，还在主客厅视线所及的范围内增加了一个室外客厅空间。气候宜人的时候，人们可以在室外客厅享受休闲时光。另外，我们在客厅与露台之间种植了树木。树木除了具有遮挡外部视线、保护隐私的作用之外，也能方便住户从室内眺望远处绿植，放松心情。

餐厅

说起一家团聚，大多数人都会最先想到客厅或者餐厅。

餐厅虽说原本是人们"吃饭"的地方，

但随着时代的发展，如今的餐厅已然成为住宅中一处新的多功能场所。

而人们在思考餐厅与客厅之间联系的时候，

也往往朝着增进家庭成员沟通这一方向思考。

本章内容中，我们将根据餐厅的功能、形态变化，与大家分享几则设计案例。

地炉0.5%
茶室18.1%
被炉26.8%
壁龛附近6.4%
西式房间旁边的日式房间7.7%
床座27.9%
单人沙发2.3%
餐厅53.4%
客厅沙发41.3%
露台3.2%
其他3.4%

Q2. 在您家里，全家老小围坐在饭桌前一起吃饭的频率如何？请就现状和理想分别选择相符的选项。

■ 每天　■ 有时　■ 难以判断　■ 偶尔　■ 从不

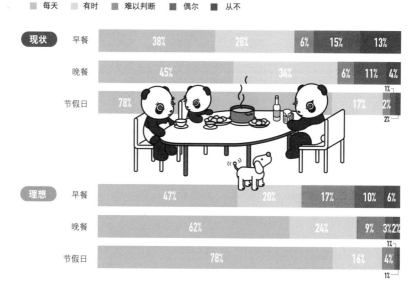

现状

	每天	有时	难以判断	偶尔	从不
早餐	38%	26%	6%	15%	13%
晚餐	45%	34%	6%	11%	4%
节假日	78%		17%	2% (1%)	2%

理想

	每天	有时	难以判断	偶尔	从不
早餐	47%	20%	17%	10%	6%
晚餐	62%	24%	9%	3%	2%
节假日	78%		16%	4% (1%)	1%

人们理想中的生活模式仍然是在客厅与家人共享天伦之乐。

但对于一些居住面积有限的家庭来说，

将餐厅作为一家人团聚在一起的地方

则更加容易实现。

Q3. 对于餐厅和客厅的形式，您认为以下哪种设计最好？

餐厅和客厅 是两个独立的空间	餐厅与客厅 空间相连	餐厅是人们生活的中心， 面积应该更大一些	客厅是人们生活的中心， 面积应该更大一些
共鸣度 **19%**	共鸣度 **85%**	共鸣度 **54%**	共鸣度 **55%**

理想的空间是
餐厅与客厅相连接的空间。

Q4. 以下几种客厅设计方案，请您根据方案带给您的共鸣程度，选出最符合的选项。

■ 可以引起强烈共鸣　□ 可以引起共鸣　■ 勉强引起共鸣　■ 无法引起共鸣　■ 完全无法引起共鸣

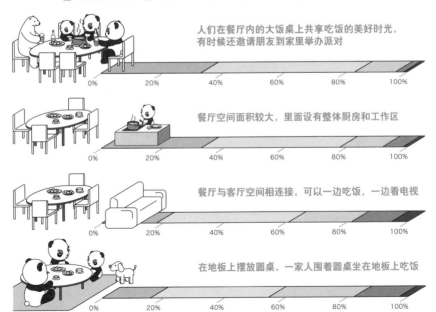

人们在餐厅内的大饭桌上共享吃饭的美好时光，
有时候还邀请朋友到家里举办派对

餐厅空间面积较大，里面设有整体厨房和工作区

餐厅与客厅空间相连接，可以一边吃饭，一边看电视

在地板上摆放圆桌，一家人围着圆桌坐在地板上吃饭

Q5. 对于坐在地板上［床座］的生活方式，您认为下列哪个设计方案最好？

床座 × 床座

餐厅内采用"床座"设计，空间内摆放大圆桌和无腿座椅；客厅也同样采取"床座"设计，并摆放与其高度相配的沙发

共鸣度 26%

座椅 × 床座

餐厅采用"座椅"设计，空间内摆放大小合适的餐桌；客厅采用"床座"设计，并摆放与之相配的沙发

共鸣度 60%

座椅 × 被炉

餐厅采用"座椅"设计，空间内摆放大小合适的餐桌；而客厅则采用"床座"设计，内部摆放被炉和小桌子

共鸣度 78%

床座 × 座椅

餐厅采用"床座"设计，空间内部摆放大饭桌；而客厅则选用"座椅"设计，内部摆放普通沙发

共鸣度 29%

根据调查结果，最受人们欢迎的设计是

吃饭坐椅子，放松休闲的时候则直接坐在地板上。

还有一部分人则认为，无论是餐厅还是客厅，采用"床座"设计更加舒适。

对于日本人来说,"起居室"[译者注:日式住宅中兼做客厅和餐厅的房间,用于一家人在一起吃饭或团聚等]和"矮脚饭桌"[译者注:日本自明治时代以来广泛使用的日式家具,四只桌脚,大多可折叠]是最习以为常的生活空间和生活用具了。但看似历史悠久的"起居室"和"矮脚饭桌",真正出现在人们生活中却是在明治时代末期。

下图为明治时代后期典型的住宅设计图,其中就包括了当时才出现的"起居室"空间。此住宅名为"东京·千驮木之家",大文豪森鸥外曾于明治二十三年[1890年]起在此居住多年,而夏目漱石也曾于明治三十六年[1903年]起在此居住数载。图中客厅北侧的位置就是起居室了。

当时的起居室通常位于住宅的中心位置,并与其他房间相连,人们几乎可以从任何一个房间直接进入起居室。起居室的北侧设有外廊,与保姆房也是相连的。为了将保姆的劳动线路与家人起居生活的动线分开,起居室和厨房也是通过走廊相连接的。

如此一来,起居室便成了一家老小生活的中心空间。不仅如此,起居室内摆放的"矮脚饭桌"还是传统日本家庭里一家团圆的标志之一。这种矮脚饭桌通常可以折叠收纳,非常方便。于是,当时的日本人逐渐养成了一个习惯,那就是围坐在饭桌前,开开心心地同家人一起吃饭。而一家人围着热腾腾的火锅这一温馨场面,便成了日本传统生活的写照,在人们的意识中,"起居室=一家团圆"。

起居室除了具有客厅的功能,为人们提供聚在一起的空间之外,到了晚上通常还被当作卧室使用。

上述起居室的使用方式一直持续到战后,也就是昭和三十年代[1950年代]左右。昭和二十年代[1940年代]后期,公团住宅中出现了餐厅厨房[Dining Kitchen,简称"DK"]。即使如此,普通的独栋住宅仍然延续了一家人直接坐在地板上,围坐在矮脚饭桌前的生活方式。

1 书房:用于一家之主与关系密切的朋友会面使用。
2 客厅[铺着榻榻米的日式客厅]:与其他房间相连,形成更大的室内空间,用于客人与主人见面时使用。家中有仪式活动时,也在客厅举办。另外晚上可作卧室供人休息。
3 起居室:白天供家人团聚使用,晚上作为卧室使用。
4 玄关

如前文介绍，起居室是在明治时代末期才出现的。在此之前的江户时代，社会中依然存在传统的户主制度。一家人通常情况下在客厅吃饭，每个人只能享用面前"食盒"中的食物。由于在吃饭过程中说话被视作不礼貌的行为，因此人们都是"食不言"，与家人之间没有交流。

到了明治末期，学校的教材和杂志中出现了"团圆"一词。至于这个词语的由来，有的人说是来自日本的国策：当时的政府将富国强兵定为口号，提出要想提高国力，家庭内部必须团结，因而"团圆"一词也应运而生了。此时，杂志中的文章在涉及家庭生活时，一般都会配上"一家老小聚在一起，饭后一边喝茶一边聊天"的温馨图片。也就是说，餐后喝茶聊天已经成为当时人们家庭生活的象征。

此后，日本住宅中出现了起居室，便产生了新的团圆模式，即与家人团坐在一起，一边吃饭，一边聊天。

图为起居室里一家人围坐在矮脚饭桌前一起吃饭的情景。
这也是日本传统生活方式的缩影。

到了昭和时代，大家族通常选择围绕在同一张饭桌前吃饭的生活方式。然而，日本进入战后的经济高度增长时期以后，社会上丁克家庭不断增多，延续至此的团圆模式也被打破了。当时社会上的白领工作者被称作"企业战士"，这种起早贪黑的工作方式使得家庭失去了一家人围坐在饭桌前一起吃饭的机会。"家庭生活崩塌"这一非常具有冲击力的词汇便直观地描述了当时的社会现状。

事实上，现在越来越多的人选择在家里吃饭。但新的问题又出现了：父亲下班早了，但孩子因为补课或者参加社团活动，回家反倒比父亲晚了。有时候甚至会出现这样的情况：晚归的孩子在餐厅吃饭，而距离餐厅不远处，父亲在看电视或者工作。

大家各忙各的，可能没有办法总是在一起吃饭。于是，人们便开始努力回归"一室空间"，尽量确保一家人能够聚集在同一空间内，感受身边有家人的温馨，进而增强与家人的交流。

如何设计一家团圆的中心地带？是将此空间设定在客厅，还是餐厅？这确实是一个伤脑筋的问题。如果住宅面积足够大，客厅也足够宽敞的话，将客厅作为一家团圆的场所当然最理想不过了。但如果在空间大小受限的住宅内考虑问题的话，与其生硬地设计一个小客厅，不如干脆扩大餐厅的面积，将餐厅设计成一个不仅可以吃饭，还可以供居住者工作、学习的多功能场所。

也许有些人认为客厅是住宅的门面，也是招待客人的地方，因此必不可少。但根据 97 页调查问卷中 Q5 的结果，有约 40% 的人回答，实际生活中，家里来客的频率"每月不到 1 次"，有约 30% 的人回答来客频率为"每年不到 1 次"。针对客厅和餐厅面积大小问题，也许每个家庭都有不同的要求，但请不要忘记，比起考虑偶尔来客的问题，自己居住在家中是否舒适才更加重要。

调查问卷 Q5 的结果显示，有些人仍然喜欢传统的餐厅设计，即直接坐在地板上围着矮脚饭桌吃饭 [详见 111 页]。传统的矮脚饭桌通常较小，一般采取折叠后放置的收纳方式。如果追求传统餐厅的话，不妨选择摆放一张大一点的饭桌。另外，吃完饭后随便躺在地板上惬意地休息也是不错的生活方式。

图为直接坐在地板上的餐厅设计。另外，采取抬高地板、降低天花板高度等设计处理，会使居住者在餐厅里感觉更加自在。

连接饭桌与厨房空间，缩小餐厅面积

此方案将饭桌和厨房空间连接在一起，在缩小餐厅的前提下保证了餐厅的功能性。除此之外，还能保证客厅和工作区的面积。

餐厅和客厅共同组成小型多功能空间

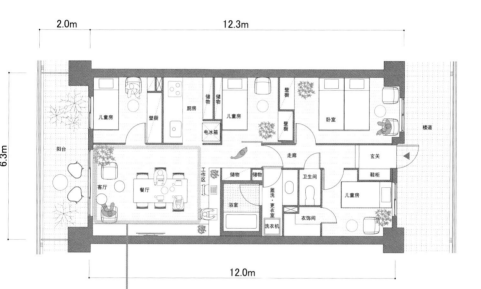

此方案将餐厅和客厅连接在一起,餐厅里摆放六人座大餐桌。虽然客厅的空间相对变小,但考虑到在同一空间可以方便吃饭的人和看电视的人在一起交流,我们大胆地将两个空间连接到了一起。另外,我们还在餐厅旁边加设了一个工作区。

"餐厅"方案3

将餐厅与客厅分割成两个独立空间，
打造令人安心的室内空间

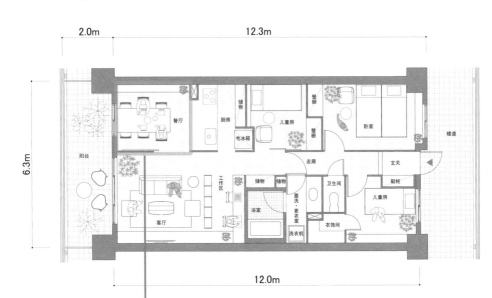

虽然人们更加倾向于将餐厅和客厅连接在一起，从而形成一个更加宽敞的活动空间，此方案却大胆地用隔断将餐厅和客厅分开，打造分工明确的室内空间。通过增加隔断的方式，使餐厅成为一个不受干扰的独立空间，有益于人们在吃饭的时候专注于一家团圆。另外，我们在餐厅和客厅之间设计了一道拉门，开门之后，便可以形成相连的空间，大幅度提高了空间的灵活性。

"餐厅"方案 4 [独栋住宅]

餐厅与客厅相连，位于住宅的中心

1F

5.46m

9.1m

浴室

卧室

卫生间

盥洗·更衣室

洗衣机

电冰箱

食品储藏间

玄关

餐厨

鞋柜

沙发休闲区

餐厅

2F

5.46m

9.1m

儿童房

壁橱

儿童房

阳台

储物

卫生间

休闲兼工作区

通风井

通风井

此方案将较大的饭桌与厨房组合在一起。居住者可以与家人共同享受吃饭的快乐时光，也可以请朋友或同事到家中小聚、举办派对等。另外，我们在墙壁一侧摆放了沙发，将此区域作为客厅使用。厨房与外部的露台相连，天气好的时候，人们还可以在室外吃饭。我们缩小了一层中的客厅空间，为了保证居住者的休闲空间，在二层设计了休闲兼工作区，满足居住者放松或工作的需求。

119

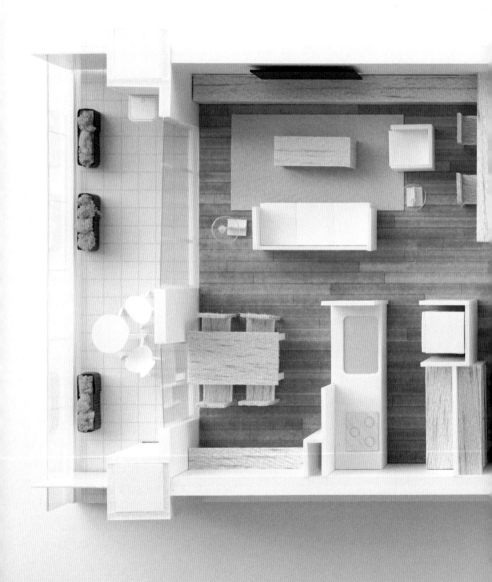

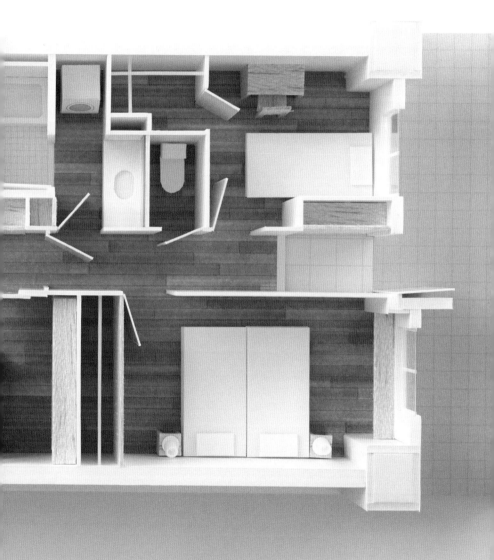

收纳

随着生活时间的流逝，人们在不知不觉间就会堆积许多各种各样的"物品"。
如果家里整洁有序，人们便会心情舒畅，悠然自在。
要打造一个井井有条的居住空间，扔掉平时不需要的物品是关键。
而我们在设计住宅的时候，如何为居住者提供"易收易取"的收纳计划，
是整个设计中至关重要的一笔。
本章内容中，我们将与大家分享生活中的收纳方法和收纳技巧。

从调查结果的平均值来看，

住宅中的"物品"实际很少。

根据每个家庭成员的不同情况，有的物品会偏多或者偏少。

Q1. 现在，您的家中有多少下列"物品"呢？

● 家中有多少件折叠好的衣服？

以宽 44cm、长 55cm、高 24cm 的塑料衣物整理箱"抽屉式"为计算单位

平均每户 15 箱

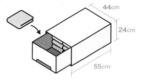

● 家中挂在衣柜中的衣服数量有多少？

以宽 40cm、长 87cm、高 135cm 的钢制水平衣架为计算单位

平均每户 4 个衣架

● 家中有多少双鞋子？

平均每户 27 双　　　平均每人 12 双

● 家中有多少条毛巾？

手巾：平均每户 16 条　　　面巾：平均每户 20 条　　　浴巾：平均每人 10 条

● 家中有多少本书、杂志及其他书籍？

以宽 26cm、长 80cm、高 180cm 的普通书架为计算单位

平均每户 1.8 个书架

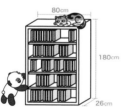

● 家中有多少毛绒玩具？

平均每户有 9 个毛绒玩具

● 家中有多少张 CD、DVD 或者录像带？

平均每户有 172 张 CD、DVD-R　　　平均每户有 38 张 DVD　　　平均每户有 23 卷录像带

调查结果显示，

有 45% 的人表示愿意整理物品，
但只有 9% 的人认为自己善于整理物品。

而善于整理物品的人，通常能够找到适合各个物品的最佳收纳位置。

Q2. 您喜欢整理物品吗？您认为自己擅长整理物品吗？

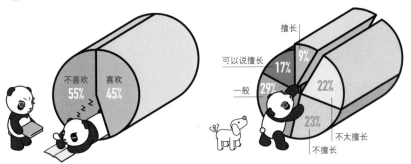

不喜欢 **55%** 喜欢 **45%**

擅长 **9%**
可以说擅长 **17%**
一般 **29%**
22%
23%
不太擅长
不擅长

Q3. 您可以正确选择物品的收纳位置吗？

■ 可以正确选择每一件物品的收纳位置　　■ 可以正确选择大部分物品的收纳位置　　■ 无法正确选择物品的收纳位置

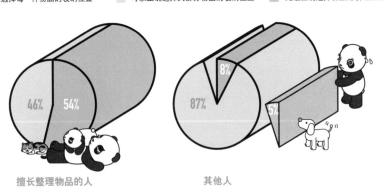

46% **54%**

8%
87%
5%

擅长整理物品的人　　　　　　　　　　　其他人

是否能够保证住宅整洁，取决于能否将使用过的物品立即归位。

由此可见，收纳动线是整理物品的关键。

Q4. 您喜欢下列哪种收纳方式？

集中收纳

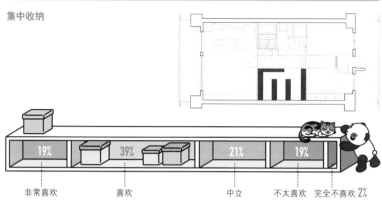

非常喜欢 19%　喜欢 39%　中立 21%　不太喜欢 19%　完全不喜欢 2%

墙壁收纳

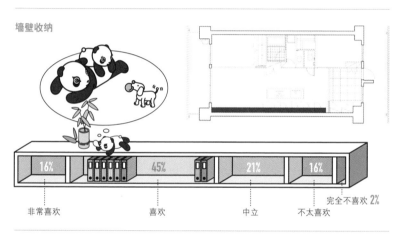

非常喜欢 16%　喜欢 45%　中立 21%　不太喜欢 16%　完全不喜欢 2%

分散收纳

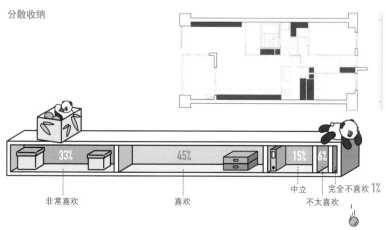

非常喜欢 33%　喜欢 45%　中立 15%　不太喜欢 6%　完全不喜欢 1%

昭和时代初期之前，人们提到收纳，首先想到的就是日本普通住宅中日式房间内的壁橱。到了昭和二十五年 [1950 年]，公团住宅中也大量地采用了壁橱设计。由于当时家家户户的生活用品较少，普通住宅完全可以保证四口之家的活动空间和收纳空间。其后，日本社会进入了经济高度增长时期，人们家中的物品数量迅速"膨胀"，不知不觉中，小型住宅及现有的收纳工具已经无法满足人们的需要了。

随着时代的发展，人均住宅面积虽然也在不断增加，家中收纳空间的增加却完全追赶不上物品增加的速度。另外，随着生活的西化，日式传统房间逐渐从人们的住宅中消失，人们也开始积极地用原本放置被褥的壁橱来收纳其他物品。

但是，由于壁橱原本就是为收纳被褥而设计的，柜子深度大概为 0.9m 左右。如果人们用壁橱来收纳小件物品，这样的深度通常比较适合摆放成前后两排。于是，问题便产生了，人们要想拿出后排物品，就会比较麻烦，而且由于前排物品遮挡视线，也无法判断后排到底摆放了哪些物品。

为了解决住宅内部收纳容量不足，以及壁橱使用不便等问题，人们后来开始在公寓中采用固定式收纳单元的设计方案。这种固定收纳单元通常深为 0.6m，高度控制在地板与天花板之间。与壁橱相比，固定收纳单元放入、拿出物品比较容易，而且收纳物品一目了然，比较方便。

然而，固定收纳单元也有一些缺点。由于是固定在家具或者墙壁上，因此不具有灵活性。即使居住者提前设计好了收纳方案，一旦物品的数量或者家庭成员的数量发生了变化，这种收纳的容量和方式可能就无法满足人们的需求了。

后来，人们又想出了许多收纳方法，比如说灵活运用系列收纳工具，将收纳工具与家具组合，根据不同情况选择保留家具，或者家具、收纳一起保留，等等。

制订收纳计划有许多方法，但最重要的是对物品有一个清晰的认识。如果对物品没有概念，平时经常冲动消费的话，家中的物品数量自然会越来越多。有的人甚至提出"生活质量与家中物品数量成反比"的说法。我们想告诉大家，最关键的是清楚自己真正需要什么、真正喜欢什么和真正想要什么，只有这样，在购买了称心且实际的物品后才能长久使用。

我们针对收纳问题对许多住宅进行了走访调查，发现大多数人喜欢留东西。人们对收纳有擅长也有不擅长，但如果本身物品较少，就不会为收纳烦恼了。

调查结果显示，有62%的人认为家中东西太多，有79%的人表示希望减少家中物品。有些人认为，如果身边没有某件物品就会忐忑不安。当然，这种心情也是可以理解的，但是仔细想想看，是否也有一些可能会用到，但却从来没有被用到的物品呢？我们认为，每个人对物品应该有一个定量的标准，对于那些没有用的物品，应该鼓足勇气舍弃掉。

在曾经做过的一个调查中，有一个三口之家，家中所有人的鞋子数量加起来只有12双[丈夫6双、妻子4双、小孩2双]。这家人之所以保持拥有12双鞋，是因为他们决定"尽量不留多余物品""在物品尚能使用时不添置新的"。事实上，有越来越多的家庭开始选择这种尽量不留多余物品的生活方式。也就是说，人们的意识正在从"大量消费"向"长久使用优质物品"的方向转变，逐渐向精简的生活方式发展。

很多人抱怨说，喜欢生活在整洁的环境里，但自己总是无法将物品摆放得井井有条，因此非常苦恼。

在我们看来，人们不擅长整理物品通常有两个原因。

一个是前面提到的，家中物品实在太多；二是人们无法为物品选择一个正确的"固定位置"。如果能够做到使用物品时到固定的位置去取，并且使用结束后物归原位，那么家中自然就不会凌乱。正因为每件物品没有固定位置，人们有时候才会在找不到物品时再买一件同样的，无形中增加了家中物品的数量。如果能够为家中的物品找准固定位置，那么不仅可以避免同一物品购买两次的浪费，而且可以在第一时间找到自己想使用的物品，节省了找东西的时间，使生活更加轻松。

决定了每件物品的固定位置之后，我们还可以贴上标签，方便自己和家人使用。除此之外，对于一些有保质期的物品，注明购买日期和保质期也未尝不是一种生活的智慧。

另外，定时检查并适当调整物品位置也是收纳中的重要一环。对于长期不使用的物品，我们可以坚决扔掉。而物品的固定摆放对于这项检查来说，也提供了一个相对方便的条件。

整理物品的秘诀就在于如何看待"购买、使用、整理、丢弃物品"这一循环程序。而固定摆放每件物品恰恰是这个循环程序的润滑剂。

我们将人们家中的物品分为两类，一类是"生活必需品"，还有一类就是"提高幸福度的物品"。

第一类的"生活必需品"就是人们在日常生活中使用的物品，如果不好好整理，就无法掌握每一件物品的准确位置。而这也是判断一个人是否擅长整理物品的分水岭。从整理的角度出发，这类物品越少，人们的整理工作当然就越轻松。其中一个有效的办法就是对日常必需品按照使用频率再次划分，分为日常使用、每天使用，以及使用频率低等不同类别。

第二类物品则是"提高幸福度的物品"，也就是对于居住者来说非常重要的物品，比如书籍、音乐 CD、DVD、兴趣收集等。下面的雷达图表中，有些数据与平均值相差较大，原因也许就在于人们对物品的收集爱好不同。由于这类物品直接关系到居住者的生活质量，因此即使数量较多，也应该妥善收纳。比如说，喜欢书的人可以在房间的一侧墙壁搭一个大书架，收纳所有喜欢的书籍；而喜欢鞋子的人则可以做一个大鞋柜，随时欣赏自己的心爱之物。

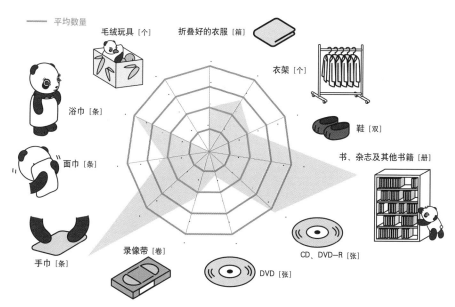

图为针对 1 对夫妻 +1 个小孩居住的物品数量雷达表［独栋住宅，面积为 77m²］。
虽然有些物品的数值远远超过了平均数，但由于每户家庭的具体情况不同，这样的状况都会出现。

在制作各种收纳方案时，我们想特别提示大家的就是：利用以前从未使用的空间收纳物品。比如说，增加不同空间地板的高度差，在地板下方增加收纳空间；或者是在房顶内侧增加高处收纳空间，等等 [如下图]。除此之外，还可以在走廊内设计收纳空间。

即使是面积有限的平房，我们也可以通过抬高部分地板的方式加大适合住宅的地下储物空间。

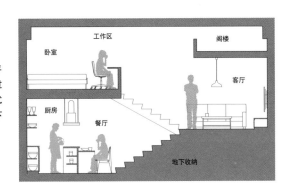

下图设计方案中，走廊和卧室之间靠近走廊的一侧加入了收纳空间，旁边还设计了工作区和家务区。而卧室内则没有设计任何收纳空间，人们在使用走廊收纳空间时，可以进行简单的分类，一部分按照不同的收纳目的供每位家庭成员使用，另一部分则作为大家共有的收纳空间使用。

在 133 页的设计方案中，我们在走廊添加了收纳柜，其中一部分作为书架使用，实现了住宅内大容量的壁面收纳。

如果住宅中有一定空闲位置，可以加大收纳工具及其他用途的空间。

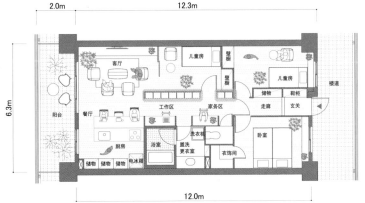

物品所存在的空间决定了其价值。如果环境杂乱，那么无论是多贵、多美丽的物品也会黯然失色。相反，如果空间整洁有序，那么物品本身所具有的价值和美就能与之相得益彰，甚至提高整个空间的质量。

控制物品增加的势头，在整个生活环境中创造"留白"，能够让居室环境更具质感。事实上，日本人自古以来对于空间"留白"就有独特的审美意识。

在传统日式客厅中，壁龛就是一个表现"留白"之美的地方。

家庭成员共同使用大容量储藏室

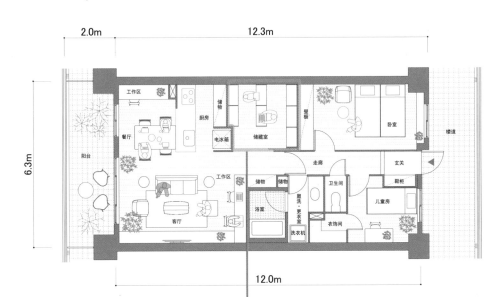

2.0m　　　　　　12.3m

6.3m

12.0m

此方案在住宅中添加了储藏室,集中收纳所有家庭成员的
物品。需要使用的时候从储藏室中取出物品,不用时再放
回原位。如此一来,客厅和餐厅空间内摆放的物品自然就
会减少,进而增加空间的整洁度。另外,我们在每间卧室[个
人空间]内分别设计了壁橱或衣饰间,人们可以将平时使用
的物品收纳在卧室里。客厅内设有供家庭成员使用的工作
区,而卧室仅提供睡觉的空间。

走廊处添加展示书架

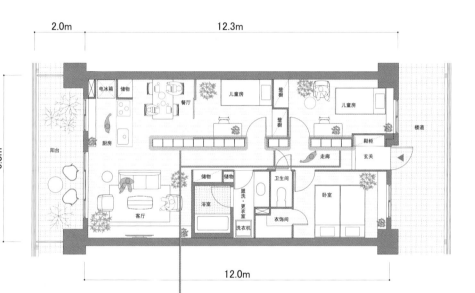

此方案在走廊处设计了进深0.4m的大型壁面收纳柜。图中的收纳柜没有安装柜门，摆放的物品一目了然，无须费力寻找。另外，各个卧室［个人空间］内也添加了壁橱或衣饰间，儿童房内设置了写字台。由于走廊处有足够的收纳空间，客厅和餐厅内便无须摆放过多物品，保证了空间的整洁。

墙壁一侧设计大量收纳空间

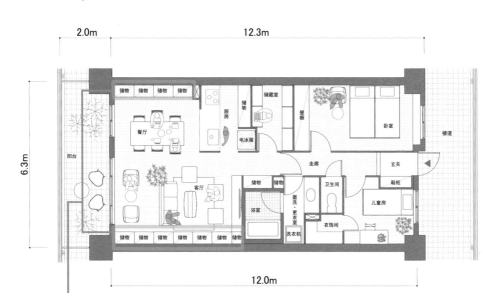

此方案在客厅、餐厅一侧的墙边设计了大量收纳空间，并且安装了柜门。收纳空间足够大，因此客厅和餐厅不必摆放过多物品。另外，由于收纳空间带有柜门，从客厅或者餐厅看不到杂乱的物品，进而可以打造舒适、整洁的生活空间。

将收纳空间集中设计在一楼

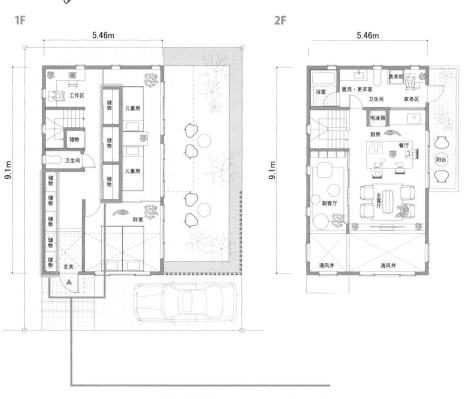

此方案将住宅的卧室设计在了一楼，走廊和玄关两侧添加了大量收纳空间。卧室物品也可以放进收纳空间里，这让卧室内环境更加清爽、简洁。

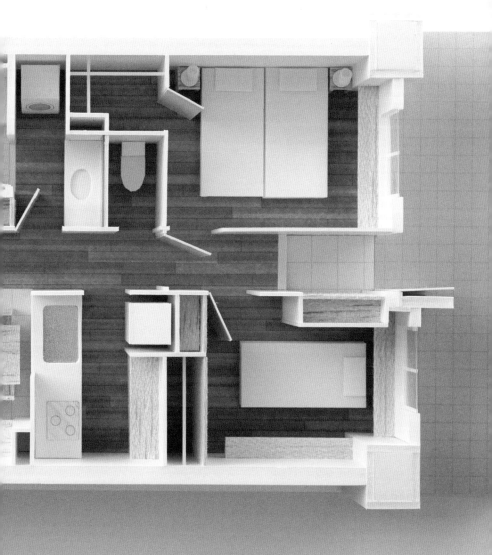

工作区

据说，人的一生当中有一半以上的时间都花在了工作上。

换言之，"工作"说不定就等于"活着"。

随着技术的进步和生活方式的改变，工作的场所与方式也发生了变化。

最近，不光在公司工作，在家中办公的人也增多了。

本章内容，我们会以此为前提，与大家一起思考家中的工作空间。

调查结果显示，
希望做副业的人与在家中办公的人
都不在少数。

Q1. 您现在除了正常工作以外，是否还有其他副业呢？

Q2. 您是否打算做其他副业呢？

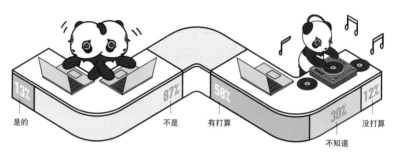

13% 是的

87% 不是

58% 有打算

30% 不知道

12% 没打算

Q3. 您是否会在公司以外的场所工作？一般选择在什么地方办公？

是的 47%

53% 不是

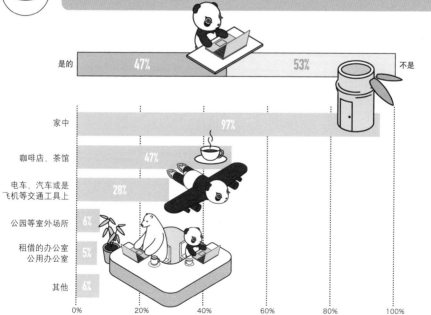

家中 97%

咖啡店、茶馆 47%

电车、汽车或是飞机等交通工具上 28%

公园等室外场所 6%

租借的办公室公用办公室 5%

其他 6%

0%　20%　40%　60%　80%　100%

调查结果显示，如果可以在住宅内添加一个房间，

很多人希望能够加一个书房。

这与人们想做副业的需求以及工作方式的变化有着密不可分的关系。

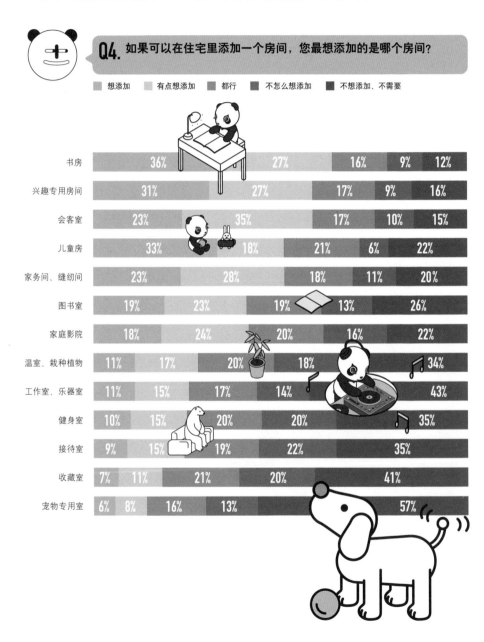

Q4. 如果可以在住宅里添加一个房间，您最想添加的是哪个房间？

■ 想添加　■ 有点想添加　■ 都行　■ 不怎么想添加　■ 不想添加、不需要

房间	想添加	有点想添加	都行	不怎么想添加	不想添加、不需要
书房	36%	27%	16%	9%	12%
兴趣专用房间	31%	27%	17%	9%	16%
会客室	23%	35%	17%	10%	15%
儿童房	33%	18%	21%	6%	22%
家务间、缝纫间	23%	28%	18%	11%	20%
图书室	19%	23%	19%	13%	26%
家庭影院	18%	24%	20%	16%	22%
温室、栽种植物	11%	17%	20%	18%	34%
工作室、乐器室	11%	15%	17%	14%	43%
健身室	10%	15%	20%	20%	35%
接待室	9%	15%	19%	22%	35%
收藏室	7%	11%	21%	20%	41%
宠物专用室	6%	8%	16%	13%	57%

有72%的参与者希望有独立的房间以用来工作。

理由之一就是，它让人们更易于集中注意力、提高工作效率。

Q5. 您喜欢下列哪一种工作区的设计方案？请选择最符合的一项？

■ 非常喜欢　　■ 喜欢　　■ 有点喜欢　　■ 不喜欢　　■ 完全不喜欢

工作区在一个独立空间内，可以更加集中精力在工作上。

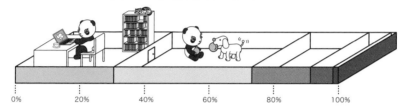

工作区在其他居住空间内，有时候只是某房间的一角。

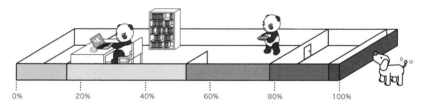

工作区位置不固定，想在哪个地方办公，就在哪里摆放桌椅办公。

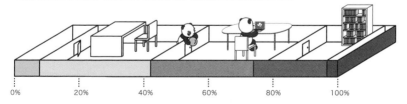

19 世纪，西方国家富裕阶层的几乎每户住宅都必须配备的一个房间就是"Study Room"，也就是我们所说的"书房"。书房的功能不仅仅局限于供主人学习、工作，它还是邀请朋友谈天论地、尽情畅饮的地方。人们一般不会和家人在书房聊天，而是专门在此与亲密朋友小聚。

我们在前文 112 页曾经向大家介绍过森鸥外和夏目漱石在不同时期居住过的同一邸宅，此住宅位于玄关附近的房间就是书房。两位文豪不仅在书房里创作文学，而且经常在此与朋友、知己畅谈，有时还会和学生在书房里讨论课题。

到了大正时代后期，随着人们的生活"和洋结合"，日本这种传统的书房逐渐演变成现在大家熟悉的会客室。

书房对上流人士的宅邸而言可以说是不可缺少的，它能够作为待客室，一般设在距离玄关较近的位置。

我们在 98 页曾经向大家介绍，日本在工业革命之后，人们将工作空间和生活空间完全分开，住宅成为人们纯粹生活的地方。而从这一历史背景中孕育出的，则是现在人们熟知的客厅，客厅没有固定功能，人们在客厅内做各种各样的事情，比如看书、学习等。如此一来，客厅就兼备了以往书房的功能。不知不觉间，家中男主人专用的书房消失得无影无踪了。战后，日本进入了经济高速增长时期，此时家中的男主人通常埋头工作，对于很多人来说，"家不过是个住宿的地方"。于是在家中，父亲这一角色渐渐失去了专属空间。

然而最近人们的生活方式又发生了很大的变化。随着人们越来越注重家庭生活，大家下班后都想尽快回家，于是，男主人在家的时间逐渐变长，有的人甚至已经开始在家办公了。

因为居住者意识的变化，住宅再一次需要为男主人提供工作、独处的空间，书房和兴趣专用房也就出现在人们的视线里。然而，书房和兴趣专用房的形态却与以往有了很大不同，它们不再是男主人的专用空间，家庭成员都可以在工作区工作或是聊天，享受家庭的温馨。

如上文所说，人们越来越倾向于在家中加设工作区。然而，这个工作区并不是提供给某一个人的。男主人需要工作的空间，主妇也需要工作、做家务的地方，而对于还在上学阶段的小孩来说，学习空间也是必不可少的。

现代工作区可以说是"新式书房"，既要满足一家之主的需要，又是大家共有的活动空间。也许对于有些家庭来说，工作区还是一个充满欢声笑语、促进情感沟通的地方。

如图，大办公桌可供所有人使用，而且用途多样，不仅限于工作和学习。

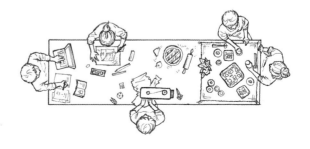

143

　　分析问卷调查的结果后我们发现，有些家庭的小孩经常在餐厅写作业。针对这样的家庭，我们设计了下图的住宅格局方案。具体来说，就是巧妙地连接工作区与餐厅的空间，使大人可以在做饭的时候照看写作业的小孩，进而满足人们的需求。

　　如果进一步扩大工作区空间，那么即使夫妻有一人在工作区工作，也不用为了腾出空间而整理工作资料，转过身来就可以吃饭，非常方便。此方案非常适合喜欢一边和家人在一起享受温馨氛围，一边埋头于工作或者兴趣爱好的人。

此方案将餐厅的台面延长，将饭桌多出来的部分作为工作区使用。人们在不工作的时候可以摆放家庭账本或者菜谱，非常方便。即使人们在工作区摆放物品，也不会影响到饭桌的功能。如果住宅面积有限，那不妨考虑此方案，既能保证工作区的空间，又不影响其他空间的正常使用。

我们假定夫妻有一人在家办公，设计了下图的房间布局。该设计将工作区放在了住宅的中心位置，桌子的一部分可作为饭桌使用。人们在吃饭前可以将工作区摆放的物品收纳起来，当然，工作的时候也可以占用全部桌面。如此一来，吃饭的人和工作的人就可以共享同一空间了。

在不久的将来，人们的工作方式会变得更加自由，当社会上真正普及在家办公的时候，这种以办公区为住宅中心的设计方案就会发挥它的作用了。

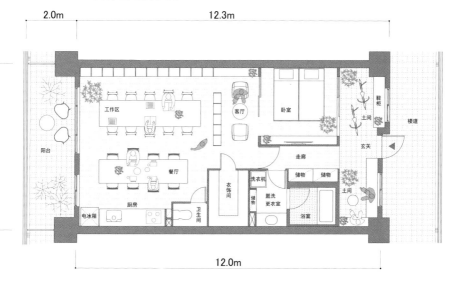

此方案还适用于夫妻双方都在家中工作的家庭，工作区中摆放的桌子既能够供人们伏案工作，也可以作其他用途，提供了非常便利的环境。

从居住者的兴趣角度出发，我们设计了 148 页的户型方案。此方案中的工作区并不是普通意义上的书房，它更加适用于组装自行车、装饰冲浪板、维护户外用具等兴趣爱好。工作区与阳台相连，天气好的时候还可以打开门，在半室外的空间做自己喜欢的事情。

如果将此方案运用在独栋住宅设计中，这样的工作区设计还能增强居住者与邻居之间的交流。扩大工作区面积之后，人们还可以邀请朋友或知己到家中做客，在这样的轻松氛围下，一定会收到让快乐加倍的效果。

连接工作区、餐厅、客厅三大室内空间

2.0m　　　　12.3m

6.3m

12.0m

此方案将工作区与餐厅、客厅空间连接在一起，共同组成了一个相对比较大的空间。家庭成员可以根据自己的喜好各自选择工作的地方，由于 3 个空间没有隔断，人们可以在享受自由工作空间的同时，感受浓郁的家庭气氛。

"工作区"方案 2

独特的圆形工作区设计，确保不受外界干扰

2.0m　　　　　　　12.3m

6.3m

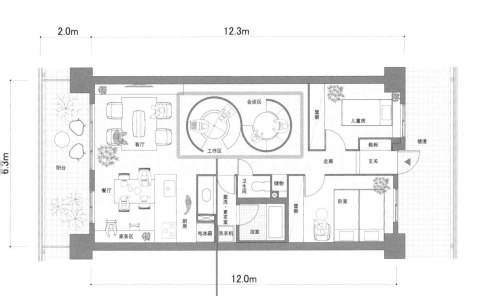

12.0m

此方案采用圆形隔断，将整个空间分为工作区和会谈区。整个空间可以像家具一样自由移动、拆卸，灵活度比较高。其中，隔断起到了遮挡视线的作用，有益于人们集中精力工作，免受外界打扰。同时，隔断也阻挡了外部视线，即使工作区比较凌乱，也不会影响整个居住空间的整洁。工作区旁边的会谈区供人们与工作伙伴会谈时使用，同样起到间隔工作空间与生活空间的效果。

兼做兴趣专用间的工作区

此方案在阳台旁边设计了一个工作区,形式类似于美术家的工作室。工作区可以和室外空间连接起来一起使用,是一个稍微有些污渍也无伤大雅的粗犷型工作空间。人们可以在这里组装自行车、摆弄钓鱼用具、装饰野营工具,等等。除此之外,墙壁一侧安装了工作台,可以供人们在台子上写写文章或者摆弄电脑。

"工作区"方案 4 [独栋住宅]

工作区在一层，
并且与玄关、土间 [译者注：带有格子门的空间] 相连

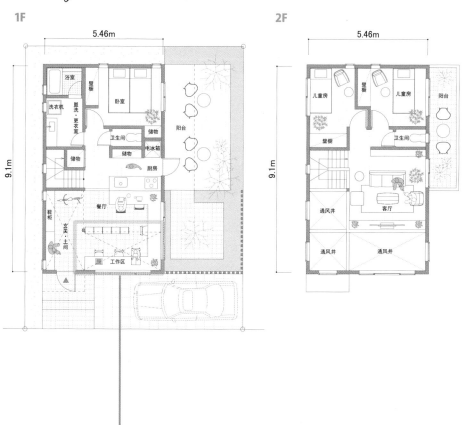

1F

5.46m

9.1m

浴室
洗衣机
盥洗·更衣室
壁橱
卧室
卫生间
储物
储物
电冰箱
厨房
阳台
餐厅
鞋柜
玄关·土间
工作区

2F

5.46m

9.1m

儿童房
壁橱
儿童房
阳台
壁橱
卫生间
通风井
客厅
通风井
通风井

此方案在住宅的玄关处设计了一个工作区，整个区域给人以开放感，从侧面起到促进交流的效果。另外，玄关内摆放了长椅，方便人们放松地聊天。

玄关·阳台

玄关和阳台能够起到连接室内、室外空间的作用，是住宅中非常重要的组成部分。

很久以前，人们在设计、建造传统日式住宅的时候，一般会设置土间和外廊，

方便人们与周围邻居交流。

玄关和阳台不仅有明确区分住宅内、外的功能，而且也是人们放松、享受生活的地方。

那么，我们如何才能将传统空间融入现代生活呢？

本章内容中，我们将与大家分享关于玄关·阳台的设计案例。

调查结果显示，在众多设计中，

土间式玄关或者开放式玄关最受欢迎。

而关于玄关的设计，事实上还有许多可以发挥的空间。

Q1. 下图为某公寓的设计方案图，我们在玄关的地方设置了土间，方便居住者与周围邻居交流，门口装有格子门，从外部可以略微看到室内。以此设计方案为基础，请您从下列选项中选出最符合的一项。

非常赞成　赞成　中立
不太赞成　不赞成

玄关门采用玻璃材质，从门外可以看到室内情况

6% 12% 31% 49%

玄关门采用格子门，从门外若隐若现看见室内部分情况

16% 41% 17% 13% 13%

玄关门采用一般的铁门，完全保护内部隐私

14% 19% 30% 22% 15%

在玄关留出一部分空间，供居住者和周围邻居聊天使用

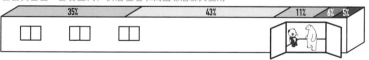

35% 43% 11% 6% 5%

在玄关留出空间，做一个面积较大的土间，满足居住者在兴趣爱好方面的需求

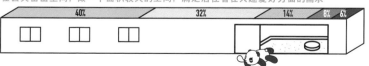

40% 32% 14% 8% 6%

调查结果显示，

在阳台、玄关的设计上，
人们更关心通风和采光效果。

Q2. 下图为针对某公寓的设计方案，我们在玄关和阳台处均添加了可移动的格子门。以此设计方案为前提，下列关于阳台、玄关的通风和采光问题，请选出最符合的一项。

阳台空间侧面图

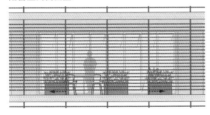

玄关空间侧面图

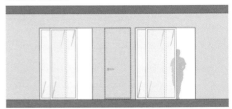

■ 非常赞成　■ 赞成　■ 中立　■ 不太赞成　■ 不赞成

玄关和阳台均采用玻璃设计，从室外可以看到室内　　53%　31%　9%　4% 3%

在阳台一侧悬挂百叶窗，保证通风的同时还能起到遮阳的作用　　59%　32%　5%　2% 2%

阳台的遮阳处安装一些挂钩，用于悬挂藤本植物的爬墙网　　55%　28%　11%　4%　2%

Q3. 在Q2中，选择在自家种植藤本植物来遮挡阳光的人请回答本问题：您在家中采用下列何种方式种植藤本植物？

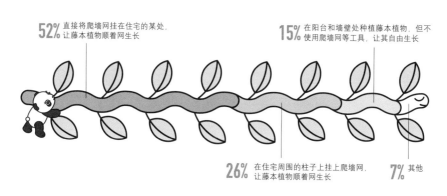

52% 直接将爬墙网挂在住宅的某处，让藤本植物顺着网生长

15% 在阳台和墙壁处种植藤本植物，但不使用爬墙网等工具，让其自由生长

26% 在住宅周围的柱子上挂上爬墙网，让藤本植物顺着网生长

7% 其他

Q4. 在Q3中，回答"直接将爬墙网挂在住宅的某处，让藤本植物顺着网生长"的人请回答本问题：谁来种植藤本植物？采用何种方式种植？

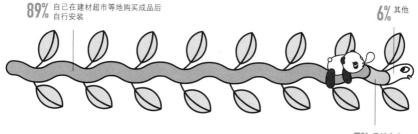

89% 自己在建材超市等地购买成品后自行安装

6% 其他

5% 委托专业人士种植

调查结果显示，为了遮挡夏日强烈的阳光，

很多人选择利用藤本植物自己制作"自然窗帘"。

155

明治末期,普通百姓住宅中的玄关一般就是土间。所谓"土间",是将住宅门口某一空间的土压实之后制作而成,可以说是半室内、半室外的空间。当时,由于厨房和洗澡间需要使用火和水,为了避免火灾或用水腐蚀木材,人们将厨房和洗澡间搬到了住宅外部。而从厨房和洗澡间通向室内的部分一般就是土间了。

当时,土间式玄关被称作"庭"或者是"店",人们通常在土间做做农活,或者和邻居聊聊天。

位于京都的古民宅式"商店"里,土间这一空间通常被人们称作"通庭"。这里的"通庭"是从玄关到中庭这一段路所在的土间,人们通常在这里摆放使用水和火的炉灶。

到了大正时代,大城市中出现了中产阶级住宅,人们将厨房和洗澡间挪到了住宅内,并且位置距离玄关较远。从当时的住宅格局来看,大多数人将保姆房设计在了厨房旁边,并为了方便保姆做家务而设计了走廊和外廊。我们可以将保姆的行动路线理解成现在的"员工专用通道",因此自然需要与房屋主人及客人的活动空间区别开来。

另一方面,由于大城市里玄关内不再设置厨房,以前农户用来兼做农活的土间变成了功能单一的空间,仅作为人们进出住宅的通道。另外,人们在厨房和洗澡间还专门为保姆设计了"后门",方便做家务时进出。

图为昭和十年[1935 年]左右东京一户住宅的设计图。图中玄关旁边突出的位置是接待室,房间为西式设计,此住宅也是典型的和洋合璧型住宅。另外,周围的人可以从大门或后门直接进入外廊。

尽管人们曾经用来聊天的土间从生活中消失了,但与起居室相连的外廊却被保留了下来,用作与周围邻居或是朋友聊天、放松时使用。人们不通过玄关就可以直接到达外廊,然后与室内的人打招呼或交流。然而,随着公寓的普及,这种唯一与外界相连的空间也逐渐淡出了人们的生活。

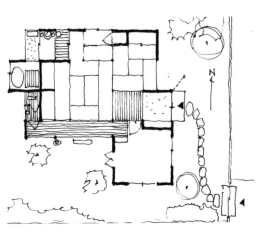

在传统日式住宅中，外廊通常与起居室相连，是居住者与家人或邻居交流的主要场所。我们经常看到这样的情景：人们坐在外廊一边饮茶，一边聊天，有雅兴的时候还会下下围棋、象棋。

实际上，以前人们设计外廊的台阶时也是有讲究的，通常根据主人与周围邻居关系的亲密程度设计台阶的级数。因此，外廊不仅是连接室内和室外的重要空间，还是表达人与人之间关系的一种方式。而到了现代，室内、室外的区分不过是一门之隔，以前住宅设计所表达的一些传统意义则从战后不久就被人们省略掉了。

战后，日本社会出现了人口大量涌入城市的现象。人口一旦增多，人均居住面积势必减少。加上住宅内部用品、设备等迅速发展，住宅的格局也发生了很大改变。另外，随着暖气和空调的普及，住宅也逐渐向着隔绝外部、确保高气密性的方向发展。

高性能住宅确实为人们的生活提供了很多便利，但同时人们也失去了一些非常可贵的东西。到了战后，日本进入了经济高速发展阶段，注重地缘和血缘的社区文化逐渐消失，取而代之的则是一味注重隐私的封闭性住宅。

由于以上各种原因，外廊从人们的住宅里消失了，与此同时，人们也觉得没有必要与周围邻居交流了。

但是，作为住宅的一部分，外廊对我们来说不仅仅是一个供大家交流的平台，也是我们享受住宅内、外生活乐趣的一个重要空间。不仅如此，外廊还是一个让我们充分感受四季变换、融入自然的地方。

那么，现代人与周围的人的交往模式和情况又是怎样的呢？关于这个问题，我们进行了"玄关的人际交往"的问卷调查，数据内容请参考下方柱形图。

调查结果表示，有 40.7% 的人与周围邻居"在玄关处聊天"，有 27.2% 的人表示会与邻居"共同分享［美食等］"。也就是说，人们并没有因为土间和外廊的缺失而完全断绝与邻居之间的交流。

与土间相比，现代住宅里的玄关用做与人交流的平台还是略显狭窄。针对玄关，我们提出了几个不同设计方案，在 160 页的方案里，我们在玄关位置摆放了长椅，如此一来，居住者就可以悠闲自得地与邻居交流了，这样也有利于加深对对方的了解。

而在 154 页的设计方案里，我们则采取了另一种增加人与人交流的方式：在玄关旁边留出一处与阳台差不多大的空间，并且此部分采用格子窗设计。如此一来，外面的人可以透过格子窗略微看到玄关位置，方便邻居向屋子里的人打招呼或进行简短的交谈。由于这部分是开放式空间，通风和采光也比较容易控制，进而为人们带来舒适、惬意的交流环境。

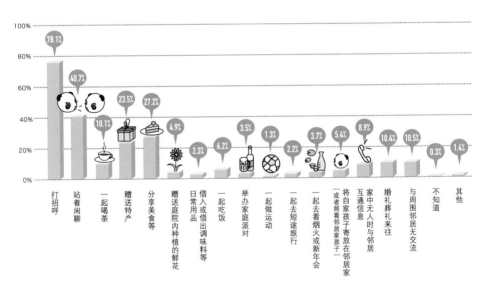

现在，人们与周围邻居的交流虽然不深，但玄关绝对是建立人际交往的重要场所。

如果将住宅区或者集体住宅的玄关处设计成工作区，还可以创造出与周围人新的交流机会。

下图为针对某一公寓住宅提出的设计方案。我们将玄关附近的空间改造成了工作区。

很久以前，我们称玄关为"店"，这是因为早先玄关是人们做生意、做手工艺的工作场所。

将玄关打造成工作区之后，外面的人可以稍微看到玄关空间内的情况，由此也为人们提供了交流的机会。玄关不仅可以汇集住宅区的住户和相关信息，促进人与人之间的关系，还能使人们想出更多办法让生活变得更好，让住宅区充满活力。另一方面，从居住角度出发，玄关设计成工作区之后，虽然形式开放，却能够保护个人隐私，且通风效果更好，使人们的居住生活更加舒适。

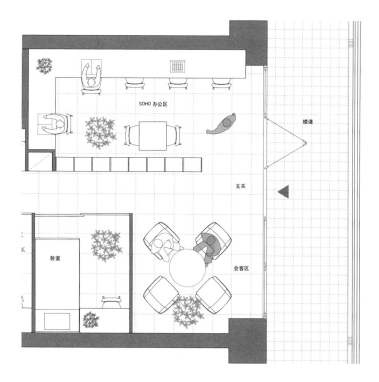

图为家庭 SOHO 的设计图。我们在公寓的玄关处设计了 SOHO 办公区与会客区。玄关的门采用了玻璃门代替普通住宅门，以方便客户来访。

"玄关·阳台" 方案 1

玄关处添加小型会客区，将土间文化融入现代生活

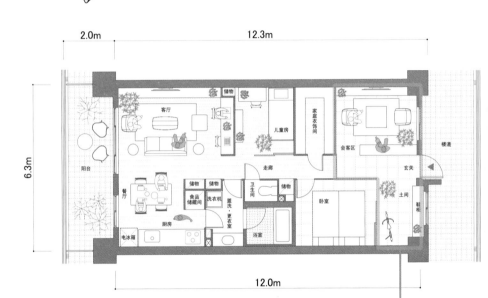

此方案将玄关设计成土间式，并设计了小型的会客区。
人们可以在会客区与邻居喝喝茶、聊聊天，平时此区域
也作为工作区使用。

"玄关·阳台"方案 2

打造大面积土间，兼作会客区、工作区

12.0m

电冰箱
厨房
餐厅
阳台
客厅
卧室
儿童房
洗衣机
储物
盥洗·更衣室
浴室
卫生间
储物
走廊
家庭衣饰间
会客区
楼道
玄关
工作区
鞋柜

2.0m　　　　　12.3m

与设计方案 1 相比，方案 2 的玄关面积略大。我们在此区域设计了一个会客区，平日还可以当作客厅使用。除此之外，人们还可以在土间修理或保养自行车、钓鱼用具等室外活动用品。此空间给人的感觉比较随意、悠闲，即使略脏也无伤大雅。

"玄关·阳台"方案3

玄关处设计客厅，变身多功能空间

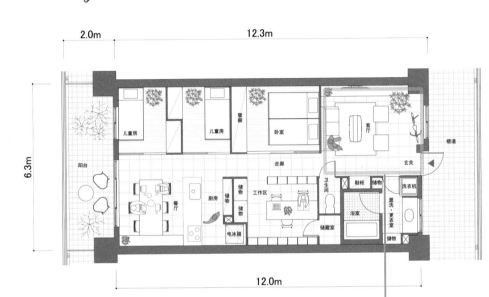

此方案在玄关处设计了一个客厅。平时人们可以在客厅与家人团聚，悠闲自得地享受天伦之乐。朋友来访时还可以作为会客区，与朋友品茶等。另外，人们还可以在宽敞的客厅举办兴趣小讲堂或者研讨会，加深与周围邻居的交流。

玄关旁设计客厅，自然连接室内外空间

1F

5.46m

9.1m

浴室
工作区
卫生间
家务区
盥洗·更衣室
餐厅
洗衣机
储藏室
储物
厨房
储物
电冰箱
鞋柜
客厅
玄关

2F

5.46m

9.1m

卧室
储物
副客厅
卫生间
壁橱
阳台
家庭衣饰间
儿童房
儿童房
通风井
通风井

此方案是针对独栋住宅的设计，我们在玄关的一侧设计了客厅。与外部相连的露台作为客厅的一部分使用，由于露台上方有二层遮挡，即使是在下雨天，人们也可以在露台休息。除了玄关以外，此方案在客厅入口处多设计了一个空间，相当于以前的外廊。

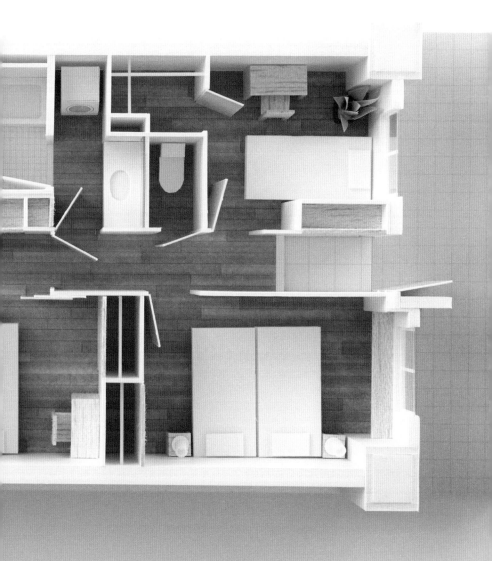

Photo © 森崎健一

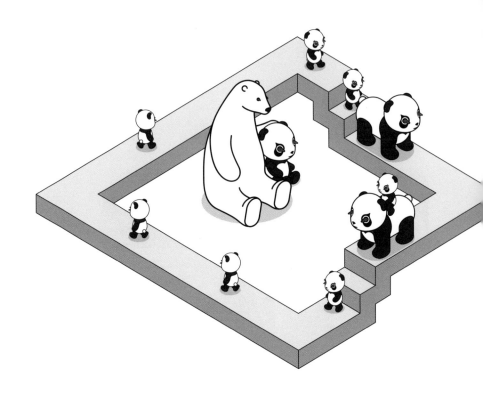

具有高低层次感的住宅

一般来说，普通住宅的地面无高低层次，均在同一水平面上。
大家也许很难想象，如果把客厅与餐厅调整成高度相差 30cm 的空间，应该如何设计住宅格局
其实，住宅内各空间的地板高度稍微有些不同，
就会使整个住宅富有层次感，也会产生更加宽敞的视觉效果。
另外，这种设计还有益于将日本传统的"床座"生活方式融入现代家庭。
在本章内容里，我们将与大家分享带有地面层次感的设计方案，
其中不仅包括错层设计，还有跃层设计等。

Q1. 对于住宅内部的错层设计，请您从下列选项中选出最符合的一项。

室内地板最好全在同一平面上，没有高低层次

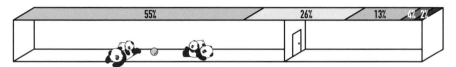

55%　　26%　　13%　　4% 2%

如果增加地板的高低层次能够加强空间效果的话，也是不错的选择

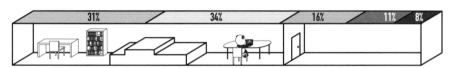

31%　　34%　　16%　　11%　　8%

年纪大了以后，地板有高低层次会给生活带来不便

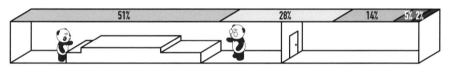

51%　　28%　　14%　　5% 2%

年纪大了以后希望在榻榻米上生活

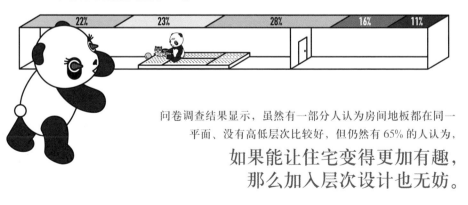

22%　　23%　　28%　　16%　　11%

问卷调查结果显示，虽然有一部分人认为房间地板都在同一平面、没有高低层次比较好，但仍然有 65% 的人认为，

如果能让住宅变得更加有趣，
那么加入层次设计也无妨。

西式座椅和日式地板，都是人们的最爱。

调查结果显示，日本独有的生活方式最受青睐。

Q2. 关于日常生活中坐在椅子上和直接坐在地板上这两种生活方式，请从下列选项中选出最符合的一项。

非常赞成　赞成　中立　不太赞成　不赞成

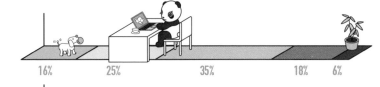

生活中以座椅
为主比较好

16%　25%　35%　18%　6%

比起坐椅子，
还是直接坐在
地板上更舒适

14%　32%　33%　14%　7%

想同时拥有西式
座椅和日式地板

51%　30%　11%　5%　3%

Q3. 下图设计方案中，我们大胆降低了厨房地面的高度。您认为如何？

如右图所示，如果将厨房
的地面高度降低 20cm，
那么人们在厨房做饭的
时候视线高度几乎与客
厅里的人一致。

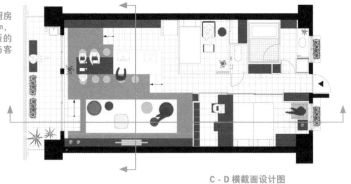

A - B 横截面设计图　　　　　　　　　　　C - D 横截面设计图

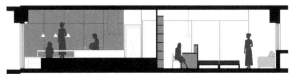

Q4. 关于地面高低层次的变化，请从下列选项中选出最符合的一项。

■ 非常赞成　□ 赞成　▨ 中立　▩ 不太赞成　■ 不赞成

如果厨房内外高度不同，进出厨房的时候不太方便

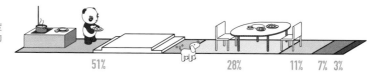

51%　28%　11%　7%　3%

料理台能够为生活提供便利，可以做类似铁板烧的料理，一边做一边吃

33%　32%　20%　10%　5%

厨房是住宅中的"后院"，应该尽量设计在比较隐蔽的地方

10%　20%　26%　27%　17%

料理台和饭桌的一体设计也是不错的选择

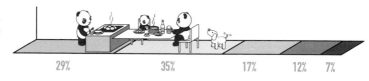

29%　35%　17%　12%　7%

地面出现高低层次之后，也许会给人们带来不便。

但只要用心设计，就会让空间富于变化。

我们在 168 页的问卷调查 Q3 中和大家分享了关于厨房的设计方案，即将厨房地板高度降低 20 ～ 30cm，如此一来，在厨房里做饭时仍然能够与在餐厅吃饭的人的视线保持在同一水平面上，有利于人们更加顺畅地交流。

在住宅内打造错层空间，降低厨房地板高度确实要耗费一些成本，但却能由此产生富于变化感的空间效果，在保持空间一体感的同时打造舒适的厨房和餐厅环境。我们可以在厨房内部铺上瓷砖，设计成无地板空间，这样也易于居住者清洁地面的水渍或油渍。另外，餐厅的地板高度高于厨房，可以避免使用长脚凳，普通的椅子就可以满足人们的需求。

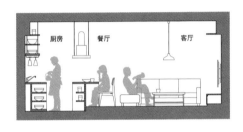

此方案将客厅和餐厅一侧的地板水平面提高，这样一来，人们便可以直接坐在地板上吃饭，高度正好与饭桌匹配。如果将厨房一侧的地板高度进一步下调，就能使得厨房内外的人视线保持在同一水平面上，促进人与人之间的交流 [右图]。

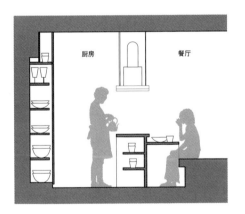

　　下图为针对小户型的设计方案，我们将住宅内的空间分为几个高低层次，打造成跃层式设计。我们将二层设计成卧室，并且在一层和一层半之间的台阶下方设计了储物空间。

　　如图，按照每层的空间设计来看，一层空间为厨房和餐厅，一层半的位置是客厅，二层则为卧室和工作区，二层半的位置相当于一个阁楼。这种以半层为单位的跃层设计不仅能够保证空间的整体性，而且能够从视觉上明确分割各个区域。

　　在设计住宅的时候，我们可以按照不同区域划分后，调整各个区域的地板高度，达到从立体角度高效利用空间的目的，即使住宅面积有限，也能够展现给人们一个宽敞的视觉效果。不仅如此，跃层设计还能保证各个空间的通风及采光。另一方面，连接不同高度空间的衔接部分还可以作为椅子或者桌子使用，增加了空间的变化。

　　综上所述，住宅内不同区域的地板高度变化令居室具有开放感，同时有利于通风和采光。另外，各空间的连接处还可以为人们打造出新的居住空间。

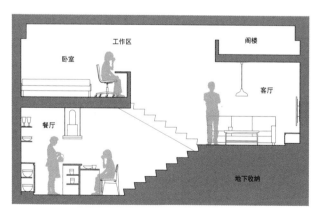

跃层设计不仅可以提供充足的地下收纳空间，还可以增加居住者活动区域，整体上最大限度地提高空间使用率。

利用各空间高度差，打造舒适的床座生活

即使到了科学技术高度发达的现今社会，人们对传统的"榻榻米"式生活仍然有情结，很多人的家里还保留着铺设榻榻米的生活空间。榻榻米的历史可以追溯至平安时代 [794 年～1192 年]，当时人们将榻榻米当作地毯使用，只在生活需要的空间内铺设榻榻米。到了室町时代，才出现了室内全部铺榻榻米的设计形式。人们回到家中便脱下鞋子，在干净的地板上享受家庭生活，这也是当时普通百姓家庭的生活缩影。可以说，榻榻米生活是日本人非常引以为傲的一种传统文化。

到了现代，西式座椅逐渐普及开来，住宅设计也向西式发展。但回到家后，直接坐在榻榻米上，和家人聊聊天，放松地打个盹儿，对人们来说也是非常惬意的一种生活方式。不仅如此，日式房间可以供一家人享受天伦之乐、吃饭、睡觉等，根据人们各种各样的需求进行变化，使用灵活度更高，也比较适合居住空间有限的日本。

然而，床座式设计也有一定的缺陷，比如说，现代一般是按照座椅高度来设定天花板高度，而坐在地板上的人视线比较低，居住在举架过高的房间里，会有一种不踏实的感觉。解决此问题的其中一个方法就是提高床座式空间的地板高度，缩短人们坐在地板上的视线与天花板之间的距离。

为了满足日本人坐在地板上的生活需求，我们可以从住宅布局设计方面解决这一问题。如何通过改变地板高度打造各个居住空间，从而充分利用由高度产生的设计空间，是我们需要研究的重要课题。另外，除了榻榻米以外，我们还可以考虑其他铺设材料，满足人们对床座生活的需求，比如说在地板上铺设地毯或者摆放坐垫等。

在右侧住宅格局设计中，我们将客厅设计成直接床座式，人们可以直接坐在地板上生活。另外，我们在墙壁一侧设计了一个工作区，工作区内部采取下沉式，设计方式类似于固定脚炉 [译者注：特指在日式房间内挖出一个下沉空间，在低于地板处放置脚炉]，这样一来，人们在使用工作区时就如坐在椅子上一样，可以舒适地工作或者学习。

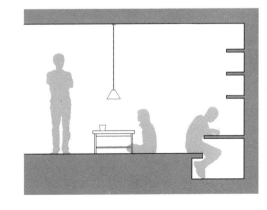

下图为针对公寓的一套设计方案，我们在客厅的最内部设计了一处地板略高的空间，利用空间高度差在整个住宅内增添了一个新的床座式客厅。新客厅的地板高度较高，因此即使人们直接坐在地板上，也不会因为举架过高而产生不安的感觉。

新客厅地板较高，可以在走廊之间摆放高度较低的家具，采用软隔断的方式分割空间。这样一来，家具可以遮挡走廊处的视线，确保新客厅生活的私密性。相反，坐在新客厅里的人由于地势较高，周围环境则一览无余。总而言之，此方案的巧妙之处是采用软隔断的方式自然明确走廊和新客厅空间，通过改变新客厅地板高度而使整个居室具有灵动感。

另外一个客厅空间的地板高度比新客厅低 20 ~ 30cm，外观为下沉式。如同水自然流向地势较低处一样，住宅里的人也会自然而然地聚集在这个客厅内，因此，不妨将地势较低的客厅作为一家团圆共享天伦的专用空间。除此之外，我们还在两个客厅之间设置了一个工作区，新客厅地板下方的空间可以作为收纳使用，确保公寓内有充足的储物空间。

一般情况下，人们认为既然是公寓，那么每个空间的高度就应该是一样的。而通过上述设计，我们可以通过令各个空间有不同高度的方法，灵活地打造出具有强大功能且方便、舒适、快乐的生活空间。

下图为上文所述设计方案的横截面，即通过调整地板高度打造两个客厅空间。改变空间的地板高度，会带来诸多优点。

"具有高低层次感的住宅" 方案 1

提升客厅高度，打造阶梯生活

A

2.0m　　　　　　　12.3m

6.3m

[FL+400]

阳台

餐厅

厨房

储物

壁橱

卧室

楼道

电冰箱　壁橱

走廊

玄关

鞋柜

客厅

储物　储物

浴室

厨洗·更衣室

洗衣机

卫生间

衣饰间

儿童房

12.0m

B

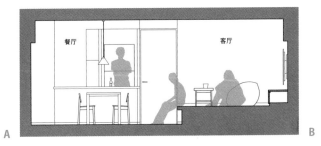

餐厅

客厅

A　　　　　　　　　　　　　　　　　　　　　　　B

此方案提升了客厅空间的地板高度，并在客厅与餐厅连接处设计了一层台阶，如此一来，
人们在客厅内休息的时候，就能与在客厅吃饭的人视线上保持水平高度一致，增加人
们之间的交流。加高客厅空间的地板高度后，天花板高度更加匹配，而且可以从视觉
上营造一个比较宽敞的空间效果。[编注：图中括号内标注的 "FL+ 数字" 为地面高度。]

"具有高低层次感的住宅" 方案 2

打造下沉式厨房

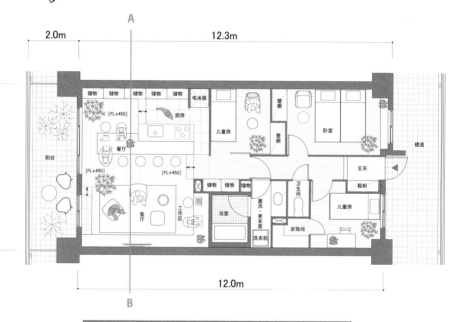

此方案将厨房一侧的地板降低，将客厅的地板提高，由此，人们面对厨房坐在客厅地板上时，就好像坐在固定脚炉里一样，高度正好适合桌面。通过调整厨房和客厅的地板高度，轻松解决了人们坐在地板上时视线偏低的问题。此方案中厨房地板与客厅地板的高度差为45cm。

"具有高低层次感的住宅" 方案 3

降低厨房地板高度，提高客厅地板高度

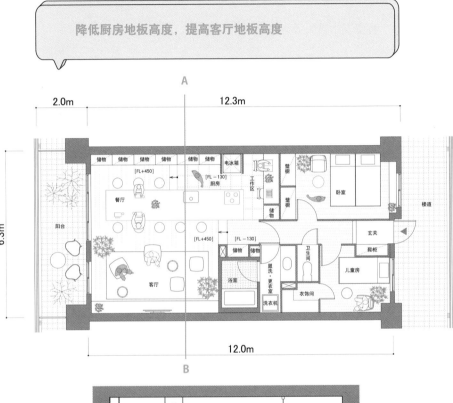

此设计方案与前面的设计方案 2 类似，但从地板高度上来看，此方案将厨房的高度再降低 13cm，如此一来，饭桌高度与厨房料理台的高度就可以保持一致，为家庭生活提供更多便利。

"具有高低层次感的住宅" 方案 4 [独栋住宅]

充分利用有限空间的跃层设计

1F

5.46m

9.1m

客厅

[FL±0]

浴室

洗衣机 储物

储物 电冰箱

卫生间

盥洗·更衣室

鞋柜

玄关

[FL±0]

[FL-1000] 工作区

2F

5.46m

9.1m

A

通风井

儿童房

阳台

[FL+1500]

卫生间

家庭衣饰间

卧室

通风井

通风井

阳台

B

儿童房

主卧

客厅

餐厅

地板下方储物

A

B

此方案为针对某一独栋住宅的户型设计。此独栋住宅空间有限，为 5×3 间，面积为 99m²，两层住宅。我们通过跃层设计最大限度地提高空间使用率，同时保证了足够的收纳空间。

177

在现实生活中，普通住宅一旦建造完成，后期就很难改变房间格局了。住宅内部的墙壁起到明确分割空间的作用，并且墙壁也是住宅构造的一部分 [尤其是承重墙]，因此想要移除墙壁更是难上加难。

实际上，日本传统的木造结构住宅是一种户型可变性非常高的住宅。人们一般使用可简单移动、拆卸的隔窗或者拉门来分割空间，类似于现在的软隔断，因此可以根据生活方式的改变和家庭成员的变化做出相应的调整。日式住宅中，房间之间虽然用拉门或者拉窗隔着，但只要将拉门或者拉窗拆掉，就可以将几个空间整合成一个较大的空间作为客厅使用。除此之外，白天的茶室或者书房经过整理、收拾，晚上在地上铺好被褥后，就成了一个功能齐全的卧室。因此，根据人们每天具体生活情况的改变，传统的日式住宅经常可以自由"变身"。

以往的木造住宅翻新周期为 20 年左右，如今随着建筑材料的开发和技术的发展，人们更倾向于建造可以在不翻新的情况下一直居住 50 年甚至 100 年的住宅。而想要长久居住，住宅就必须满足许多条件，比如说，必须使用耐用时间较长的建筑材料，设计要方便配套设备和管道的维修，等等。而最重要的就是，人们可以根据家庭成员生活的变化，在住宅格局上做出相应的调整。

与此同时，最近建筑设计界出现了"支撑体 & 填充体" [简称"S&I"] 的理念。所谓的"支撑体"，简单来说就是组成住宅的框架中，不可以后期随便移动或者拆卸的墙壁、房屋框架等；而"填充体"范围内的墙壁、框架虽然也是住宅的组成部分，但却可以根据人们的需要作出适当的增加、减少或移动。"S&I"就是倡导采用结构支撑体和填充体完全分离的方法建造住宅，从而提高住宅布局灵活性的建筑理念。

在采用"支撑体 & 填充体"的施工方法建造而成的住宅里，人们可以按照自己的想法移动家具，这样便于配合人们的生活方式作出改变，适合长期居住。

　　大家的住宅中是否有传统的日式房间呢？如果有，人们在日常生活中如何使用日式房间呢？

　　大多数的公寓式住宅一般不会将日式房间作为整个居住空间的中心，而是将其当作备用空间或是客房使用。针对现代公寓式住宅，我们大胆尝试了以日式房间为中心的住宅设计，请参考下方设计图。

　　在此设计方案中，为了更好地发挥日式房间的优势，我们用拉门这一软隔断的方式将两间以上的日式房间分割开，而打开拉门后，几个房间则合并成为一个较大的居室空间。

　　另外，我们在玄关一侧留出了土间位置，设计了一处类似于外廊的空间，且与旁边的日式房间相连。人们可以坐在外廊上与邻居一起品茶、聊天，增进交流。不仅如此，我们在阳台一侧也设计了一处外廊，外廊与室外空间相连，为居住者提供欣赏室外美景的场所。拉开所有拉门之后，从玄关到阳台的所有房间则合并成一个通风效果极佳的生活空间。关闭拉门之后，每个房间又恢复了独立性，保证了每个房间内的个人隐私。

　　除了传统日式房间的优点之外，我们再向大家介绍一下上述设计方案的空间可变性。根据居住者的生活需要，可以将其中一个房间作为茶室、客厅和卧室使用。虽然摆放矮脚饭桌、铺放及收纳被褥比较麻烦，但从另一个角度来看，这种麻烦的动作也是一种生活情趣，更是每天变换心情的短暂时光。

　　以上方案不仅适用于面积较大的公寓，空间有限的住宅也可以尝试。很久以前，人们生活在传统日式住宅里的时候，一天当中多次改变房间用途虽然麻烦，却也给人们带来了趣味。现代人不妨一试。

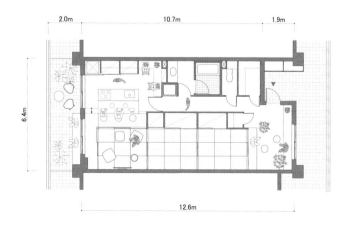

我们在向大家介绍日本住宅时一直说：住宅区的户型是日本人生活方式的集中体现。现在，人们在不停地建造新住宅区的同时，越来越多的老住宅区出现了无法满足人们生活需求的问题。

住宅翻新项目中包括许多内容，比如说家庭成员减少之后，为了适应人们生活方式的变化，我们将住宅中各个小房间的墙壁拆掉，将其合并成一个面积相对较大的居住空间；再比如改装老式住宅中的用水场所、厨房设计等。

除了针对每套住宅进行改建之外，我们还针对整栋住宅楼进行结构改造。举个例子来说，现在单身青年越来越多，根据现实情况，我们将每栋住宅楼作为一个居住单位，将整栋楼改造成 Share House [合住社区]，将空闲房间改造成供大家共同使用的厨房或者工作区，甚至在住宅内部增添图书馆、咖啡厅等休闲场所。

都市再生机构专注于不断建造住宅区，以此引领日本人的生活方式，而无印良品则一直专注于打造现代理想中的住宅生活，两家强强联手，为老住宅区注入新的活力。这期间，我们虽然也遇到了许多必须解决的问题，但"不断为日本人提供新的生活方式"的初衷，会不断为我们注入动力。

现在，将老住宅区改造得适合现代人生活和居住的住宅区翻新项目正在如火如荼地进行着。根据 139 页调查问卷中 Q1 和 Q2，有 13% 的人表示除了日常工作外，还在从事副业；58% 的人表示将来有从事副业的打算。因此，为了满足人们在家办公的需求，我们还可以在老住宅区内设计供人们工作的 SOHO。

下图为针对某一老住宅区提出的 SOHO 改造方案。我们将住宅区一部分建筑的玄关设计成开放式，将其改造成店铺，人们可以在此设立成衣店等。店铺的门为双重门，白天营业时间内只使用方便客人进出的大玻璃门。通过将住宅区的一部分空间改建为商铺，想从事副业的人可以做一些有利于住户的小生意，这样一来也能拓宽人们经济收入的来源。

随着社会的进步，终身雇佣制度可能会渐渐淡出日本社会，人们的工作方式也发生了变化。越来越多的人更倾向于发挥自己的技能专长，在自家或者自家附近工作。根据现在的住宅区管理规章制度，住宅不可以用于除了居住以外的其他用途。因此，在住宅特别设计一处 SOHO，为人们提供工作场所，既可以适应人们未来生活方式的变化，也能完美应对人们工作方式的变化。

另外，住宅区的 SOHO 还能够为人们提供新的人际关系网。通过工作上的接触，人们之间的交往不再局限于喝茶、聊天，住宅区的居民还可以构筑新的人际关系，共同支持社区的发展。在住宅楼中，白天人们上班期间，整栋楼就会变得冷冷清清。但如果人们在居住的地方工作，人与人之间的交流机会也就更多。通过设计开放空间，人们的交流不再局限于住宅区内，甚至可能扩大到街道乃至地区之间。综上所述，SOHO 设计不仅能够高度灵活利用住宅区和住宅楼的空间，而且能够帮助人们实现期望中的生活方式。

除了在独门独户的房子里居住以外，有些人还喜欢几个人在一栋房子或一套公寓里合住的生活方式，即"Share House"。因此，作为住宅区翻新的方案之一，我们尝试着将整个住宅楼改成大型合住社区。

我们针对一栋没有电梯的四层住宅楼制订了设计方案，以楼梯间为中心，将包括了一层至四层所有住房的一整栋楼改建成了合住社区﹝设计图如下﹞。此住宅从一层至四层均为住户，楼内无楼梯。每户的住宅面积为45m²，可供3人居住。我们将一层至四层靠近同一楼梯间的8户住宅算作一个单位，并在每个单位里将一户改造为厨房、餐厅等公共空间，供大家使用。也就是说，1个单位里最多可以居住21个人。另外，我们还将4个单位算作1个社区，并为每个社区设计了一处公共工作区。

现今，日本每户家庭的居民数量正在减少。从单身居住者不断增加的现状来说，将老住宅区改建成45m²的小型住宅或者小房间，并为居住者提供公用的大型厨房和餐厅等配套设施，再以低廉的价格出租，是不错的选择。而对于居住者来说，这样的方案不仅经济实惠，而且可以精简生活用品，进而实现简单、便利的生活方式。

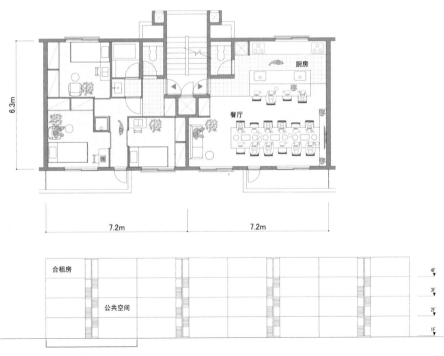

根据法律规定，住宅区的使用范围仅限于居住，不可作为其他用途。先不考虑法律对改建的制约，我们大胆地制作了一个关于咖啡屋改造的设计方案。方案中需要租借位于一层的 2 间住宅，一间作为咖啡屋主人的居住空间使用，另一间则作为经营咖啡屋的空间使用。

下方为咖啡屋的设计图。我们选择了住宅区一层面向花园的两间住宅，左边用来居住，右边作为咖啡屋，两间的住宅面积均为 45m²。住宅区内的咖啡屋可以说是人们休闲娱乐、与周围邻居交流的好去处。除此之外，对于单身青年、年龄大的人，以及带小孩的双职工家庭来说，一个人做饭不仅麻烦而且浪费时间，到咖啡屋吃简餐可以说是一个不错的选择。如果在咖啡屋旁边加设露台，到了气候宜人的时候，这里还能成为不错的室外咖啡厅。

现今的日本社会，单身高龄者及双职工的丁克家庭越来越多，考虑到做饭花费的时间成本和劳动成本，还是在住宅区里找一家咖啡屋与邻居或者朋友一起吃饭更方便。对于喜欢料理的人来说，为住宅区或周围地区的人开设一家咖啡屋，无论从店铺选址还是需求量来看，都是不错的选择。

如果住宅区的使用范围可以扩大到店铺，那么除了咖啡屋，人们还可以利用住宅区内的住宅开设托儿所、面向老人的日间治疗所、日间看护所，以及旧货商店等，可以根据每个住宅区的不同需要开设不同的店铺。

住宅区内的人经营的小生意可以为住户或者周围地区的人提供商品和服务，为地区注入新的活力。

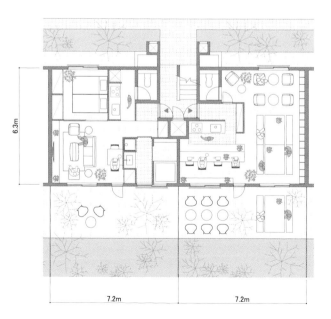

后记　　土谷贞雄　*都市生活方式研究所所长*

　　希望这本书能够为更多的企业提供新产品研发方法论和研究所工作内容的参照。尽管没有非常详细地介绍具体的方法论，但还是希望能够激发一部分读者开始思考：为什么要开展生活方式研究——这是本书内容背后所要表达的思路。当我们开始畅想 2020 年之后 10 年、30 年的生活方式，当下这个时期自然而然地会被称为"转折期"。不管什么时代，转折期都是非常复杂、难解的，而在这复杂的时期，如何去解读各种复杂现象，则会成为非常关键的突破点。将复杂的事物想得很简单，会导致错过重要的部分，但这也并不意味着用复杂的思路来解读就能行得通。我们要学会的是，对细小的现象作出拆分并解读其背景，再对其作出整合、交叉分析。

　　我的生活研究还在继续。希望我的经验和想法能够给大家带来参考。书中提到的均是 2013 年之前的现象，可能跟现在的状况有所区别，不过我相信，关于如何解读调查结果、如何从调查结果之中寻找假说等等方面的内容，在当下、未来的研究工作中依然会是有效的、可以运用的方法。

作者介绍 　土谷贞雄

都市生活方式研究所所长，株式会社贞雄代表。
参与"无印良品之家"及无印良品"生活良品研究所"的立项企划、运营。
2011 年至 2018 年与原研哉联合策划"HOUSE VISION"项目，向人们介绍新
式住宅研究及相关信息，并负责在日本国内、亚洲地区举办的各种生活、住宅
相关的调研活动。

佐藤圭

日本一级建筑师，毕业于日本大学理工学部建筑专业。
在良品计划集团子公司 IDÉE 担任设计师后，出任日本东洋大学生活设计系
人与环境设计专业的特聘讲师。现在是 TENHACHI 建筑师事务所合伙人。

徐少

广告插画师，设计师。
先后在电通、Saatchi & Saatchi Beijing、W+K 上海、李奥贝纳北京等广告公司
创意部任职。

聽松文庫
tingsong LAB

出　　品 | 听松文库
出版统筹 | 朱锷
插画设计 | 徐少
图纸制作 | 佐藤圭 [.8 Co., Ltd.]
图纸手绘 | 宫胁优子
封面设计 | 小矶裕司
设计制作 | 汪阁
翻　　译 | EDGE编辑部
法律顾问 | 许仙辉 [北京市京锐律师事务所]

图书在版编目(CIP)数据

家 : 好好想想如何住 ／（日）土谷贞雄著；EDGE编
辑部译. —— 桂林 : 广西师范大学出版社，2020.7
ISBN 978-7-5598-1877-5

Ⅰ. ①家… Ⅱ. ①土… ②E… Ⅲ. ①住宅-室内装饰
设计 Ⅳ. ①TU241

中国版本图书馆CIP数据核字(2019)第114899号

广西师范大学出版社出版发行

广西桂林市五里店路9号　邮政编码：541004
网址：www.bbtpress.com

出版人：黄轩庄
全国新华书店经销
发行热线：010-64284815
北京图文天地制版印刷有限公司印装

开　本　1230mm×880mm　1/32
印　张　6
字　数　100千字
版　次　2020年7月第1版
印　次　2020年7月第1版
定　价　59.00元